Philipp Klaus

"Zuerst ich denke: 'Schweiz ist Schwein', aber jetzt ist besser."

Michael Emmenegger

"Zuerst ich denke: 'Schweiz ist Schwein', aber jetzt ist besser"

Neuzugezogene fremdsprachige Jugendliche
Situationen – Orte – Aktionen
Eine sozialgeographische Studie in Basel-Stadt

PETER LANG
Bern · Berlin · Frankfurt a.M. · New York · Paris · Wien

Die Deutsche Bibliothek – CIP-Einheitsaufnahme

Emmenegger, Michael:
"Zuerst ich denke: 'Schweiz ist Schwein', aber jetzt ist besser."
Neuzugezogene fremdsprachige Jugendliche, Situationen – Orte – Aktionen :
eine sozialgeographische Studie in Basel / Michael Emmenegger. - Bern ; Berlin ;
Frankfurt a.M. ; New York ; Paris ; Wien : Lang, 1995
ISBN 3-906753-96-4

Umschlag unter Verwendung
einer Zeichnung von Skurthe Shala

Die Karten auf S. 52, 64, 66, 68 und 90 sind reproduziert mit
Bewilligung des Vermessungsamtes Basel-Stadt vom 26. Januar 1995.
Für die Plangrundlage gilt: Alle Rechte vorbehalten.

© Peter Lang AG, Europäischer Verlag der Wissenschaften, Bern 1995

Alle Rechte vorbehalten.
Das Werk einschliesslich aller seiner Teile ist urheberrechtlich geschützt.
Jede Verwertung ausserhalb der engen Grenzen des Urheberrechtsgesetzes
ist ohne Zustimmung des Verlages unzulässig und strafbar. Das gilt
insbesondere für Vervielfältigungen, Übersetzungen, Mikroverfilmungen und
die Einspeicherung und Verarbeitung in elektronischen Systemen.

Printed in Germany.

VORWORT

In dieser Studie stelle ich verschiedene Aspekte des Alltags neuzugezogener fremdsprachiger Jugendlicher vor, welche im Alter von elf bis sechzehn Jahren in die Schweiz immigrierten. Der vorliegende Text ist die leicht überarbeitete Fassung meiner Lizentiatsarbeit, die ich im Januar 1994 am Geographischen Institut der Universität Basel abschloss. Die Feldforschung für diese Arbeit fand von März bis November 1993 statt. In dieser Zeit arbeitete ich mit rund einhundert neuzugezogenen Jugendlichen aus Fremdsprachenklassen des Klingentalschulhauses in Kleinbasel. (Dazu kam eine Vergleichsgruppe von in der Schweiz aufgewachsenen SchülerInnen.) Neuzugezogene fremdsprachige Jugendliche besuchten in Basel bis anhin während ein bis zwei Jahren eine sogenannte Fremdsprachenklasse, in der sie sich, vor allem sprachlich, auf die Anforderungen in einer Regelklasse vorbereiten konnten. Im Sommer 1994 wurde in Basel die Schulreform mit der Einführung der Orientierungsstufe in die Tat umgesetzt. Eine der Aufgaben der Schulreform ist es, neuzugezogenen fremdsprachigen Jugendlichen möglichst rasch den Eintritt in eine Klasse der Orientierungsstufe zu ermöglichen. Aus diesem Grund befinden sich die Fremdsprachenklassen in Basel im Umbruch. Die neuzugezogenen fremdsprachigen SchülerInnen des Klingentalschulhauses, von denen in dieser Arbeit hauptsächlich die Rede ist, wurden in Klassen an anderen Schulhäusern umgeteilt. Im Klingentalschulhaus befindet sich jetzt eine Tagesschule.

Viele der SchülerInnen, mit denen ich gearbeitet habe, gehen 1995 noch zur Schule oder sind bereits in einer Lehre. Einige schafften den Übertritt in ein Gymnasium, andere sind arbeitslos. Spannend wäre es, nachdem nun einige Zeit seit der intensiven Zusammenarbeit vergangen ist, zu schauen, was aus den Jugendlichen geworden ist, und besonders herauszufinden, was mit denjenigen geschah, die entweder "spurlos" verschwunden sind oder in ihr Heimatland ausgeschafft wurden. Eine von ihnen ist Florime. Sie war eine der SchülerInnen der Klasse FS 3 des Klingentalschulhauses, die sehr viel zum Gelingen dieser Untersuchung beigetragen haben. Florime wurde mit ihrer Familie am 25.12.1993 nach Mazedonien ausgeschafft. Es war für ihre SchulkollegInnen, ihre Lehrerinnen und mich ein sehr trauriges Erlebnis. Einmal mehr konnte Florime nicht selber entscheiden; diesmal, ob sie in Basel bleiben oder nach Mazedonien zurückkehren wollte. Florime wohnte fast zwei Jahre in Basel. Sie hatte sich hier eingelebt und Freundinnen und Freunde gefunden. In der Schule fühlte sie sich wohl, und mit ihrem Lachen hat sie uns allen gut getan. Ihr Leben in Basel entsprach nicht mehr der schweizerischen Legalität. Sie wurde ein weiteres Mal aus einem Umfeld gerissen, welches sie erst richtig zu begreifen begann.

Die SchülerInnen der FS 3 haben Florime nach ihrer Ausschaffung Briefe geschrieben. Zwei Briefe, den von Özel und den von Hatice, durfte ich auf der folgenden Seite abdrucken. Es sind Briefe an Florime in Mazedonien, und gleichzeitig zeigen sie in beeindruckender Weise, worum es in dieser Arbeit geht.

Aufgabe dieses Buches ist es, die neuzugezogenen fremdsprachigen Jugendlichen im allgemeinen Bewusstsein bekannter zu machen. Ich möchte Verständnis wecken für die Lebenssituation einer wachsenden Anzahl junger Menschen, welche im Jugendalter in die Schweiz immigrierten und die etliche Schwierigkeiten politischer, sozialer, ökonomischer und kultureller Natur zu bewältigen haben.

Als Geograph interessierte mich besonders, wie sich die Lebenssituation neuzugezogener fremdsprachiger Jugendlicher im Raum widerspiegelt. Raum als gesellschaftliche Bedingungen reflektierende Grösse, der selbst erst durch die politischen, ökonomischen und sozialen Gegebenheiten seine Bedeutungen erhält.

Die Darstellung des Alltags einer Bevölkerungsgruppe bedarf interdisziplinärer Bezüge. Das Instrumentarium eines einzigen Faches reicht zur Analyse und Lösung gesellschaftlicher Probleme nicht mehr aus. Geographie nimmt dabei eine verbindende Funktion ein. Das Nachwort von Dr. Cristina Allemann-Ghionda vom Institut für Pädagogik der Universität Bern ist auch in diesem Sinne zu verstehen. Frau Allemann-Ghionda befasst sich mit Fragen der Mehrsprachigkeit, Multikulturalität, Interkulturellen Pädagogik und allgemein mit der Lebenssituation ausländischer MitbewohnerInnen in der Schweiz und Europa. Ich freue mich sehr über ihren Beitrag zu diesem Buch und möchte mich an dieser Stelle dafür bedanken.

Ich danke auch den SchülerInnen der Fremdsprachenklassen "1993" des Klingentalschulhauses in Basel ganz herzlich, dass ich mit ihnen arbeiten durfte. Ganz besonders danke ich natürlich der damaligen Klasse FS 3: Skurthe, Mesut, Reshat, Hatice, Lorena, Oktay, Lumturije, Nimetulla, Antonio, Ercan, Krunoslav, Mehmet, Florime und Özel.

Professor Dr. Werner Gallusser, Ordinarius für Humangeographie an der Universität Basel, danke ich für die Unterstützung meiner Lizentiatsarbeit und für sein Vertrauen, das mir ein autonomes Arbeiten erlaubte.

Ganz besonders möchte ich Dr. Verena Meier vom Geographischen Institut Basel danken, die mich in der ganzen Zeit fachlich betreute und mich in meinem Forschungsverständnis bestärkte. Ihre Vorstellungen von Sozialgeographie bilden die Grundlage für die in dieser Arbeit angewandten Methoden.

Den LehrerInnen des Klingentalschulhauses "1993", insbesondere Juliane Hennig und Sabine Larghi-Piatti (Lehrerinnen der ehemaligen FS 3), danke ich für die Möglichkeit, mit ihren Klassen arbeiten zu können. Ebenso danke ich Silvia Bollhalder, Jörg Jermann, Edith Stoffel und Pascal Schaffner für die Interviews und die Durchführung der Pre-Tests und Willi Matter und Adrian Bürgi vom Amt für Informatik in Basel für die Hilfe bei der Datenauswertung.

Speziell danken möchte ich Barbara Emmenegger, Dr. Thomas Jermann, Juliane Hennig, Matthias Emmenegger, Bob Lampert, Thomas Thüring und Daniela Rohrer. Ohne ihre tatkräftige Mithilfe wäre diese Arbeit so nicht zustande gekommen.

Die Veröffentlichung dieser Arbeit wurde finanziell vom "H-Fonds" von Prof. Dr. Werner Gallusser und vom "Hinlein-Rossnitz-Fonds" der Pro Juventute Basel-Stadt unterstützt.

Liebe Florime 5.12.93 VII

Wie geht es Dir? Mir geht es nicht gut, ich habe schlechte Weihnachten gehabt und Du wie hast Du Weihnachten gemacht? Gut oder nicht Gut? Wie war die Reise? Bist Du gut geflogen. Hast Du neue Freundinnen gefunden und Wie sind sie? Sind sie lieb oder böse? Gehst Du dort in eine Schule? Iha. Hast Du eine Telefonnummer? Wenn Du eine Telefonnummer hast, dann schreib uns. Mir geht es nicht so gut, ich habe in den Ferien viel viel Fussball gespielt und Fernseher geschaut. Wenn ich in die Schule gehe, bin ich froh. Hast Du Basel oder Makedonija gerne? Grüsse Deine Familie. Herzliche Grüsse von Özel.

Liebe Florime

Wie geht es Dir? Mir geht es gut. Wie war Deine Reise? Gehst Du dort in die Schule? Hast du einen Freund Gefunden? Wenn Du einen Freund Gefunden hast schreib es uns. Was machst Du im neuen Jahr? Habt ihr auch ein Fest gemacht? Ich war am Neujahr zu Hause mit meiner Familie. Es war gut. Ich habe genäht, ich habe gekocht, ich habe geputzt. Das habe ich alles in den Ferien gemacht. Ich ging nie raus in den Ferien

Herzliche Grüsse
von Hatice Irmak
Liebe Florime, schreib uns bitte!

INHALTSVERZEICHNIS

1. **EINLEITUNG** 1

    1.1 Thema und Vorgeschichte der Untersuchung 1

    1.2 Fragestellung 2

    1.3 Aufbau der Untersuchung 4

2. **THEORIE - JUGEND UND RAUM** 5

    2.1 Jugend: Voraussetzungen und Definition 5

    2.2 Jugendzeit: Vorstellungen und die spezielle Situation neuzugezogener 5
    fremdsprachiger Jugendlicher
    - 2.2.1 Eintritt in eine Welt der destandardisierten und flexibilisierten Jugendphase 5
    - 2.2.2 Konstruktion eines Stereotyps: Einreisealter und Sozialisationsbedingungen 7
    - 2.2.3 Migration und Selbstkonzept: Schwierigkeiten im neuen Umfeld 9
    - 2.2.4 Freundinnen, Freunde und die Frage nach dem Alter von Peer-Groups 10
    - 2.2.5 Jugend und Geschlecht 11

    2.3 Jugend und Raum 12
    - 2.3.1 Ein Beispiel aus dem Innenraum: Fernsehen 12
    - 2.3.2 Bedeutung des Raumnutzungswandels in bezug auf Freiräume, Raum- 13
      eignungs- und Aktionsmöglichkeiten, insbesondere der neuzugezogenen
      fremdsprachigen Jugendlichen

3. **METHODEN ODER WIE IST VERSTÄNDIGUNG ZU ERREICHEN?** 17

    3.1 Das methodische Forschungsverständnis der Arbeit 17

    3.2 Untersuchungsgruppen 19
    - 3.2.1 Die Fremdsprachenklassen 19
    - 3.2.2 Die Real- und Sekundarschulen 19
    - 3.2.3 Die Klasse FS 3 des Klingentalschulhauses 20

    3.3 Methoden 21
    - 3.3.1 Tiefeninterviews 21
    - 3.3.2 Tages- oder Freizeitprotokolle 23
    - 3.3.3 Streifraumkarten und Zeichnungen 24
    - 3.3.4 Schriftliche Befragung 24
    - 3.3.5 ExpertInneninterviews 26
    - 3.3.6 Begehungen und Blitzbeobachtungen 27

4. SITUATIONEN 29

4.1 Herkunft der Jugendlichen 29

4.2 Alter und Geschlecht 30

4.3 Kulturwechsel 31
    4.3.1 Migrationsgründe 31
    4.3.2 Abreise 33
    4.3.3 Ankunft und erste Eindrücke 34
    4.3.4 Identitätsfindung in der neuen Umgebung 35

4.4 Familie als sozialer Schutzraum 38
    4.4.1 Eltern - Kinder: eine erste Annäherung 38
    4.4.2 Geschwister 39
    4.4.3 Berufssituation der Eltern 40

4.5 Freunde und Freundinnen: der fehlende Schutzraum 42

4.6 Schule als institutioneller Schutzraum 44
    4.6.1 Schule als Ort der Möglichkeiten und Enttäuschungen 44
    4.6.2 Spracherwerb als Schlüssel zur Integration 47

4.7 Religion als sozialer Schutzraum 48

4.8 Eindrücke aus der Schulkolonie mit der FS 3 in Brugnasco/TI im Juni 1993 49

5. RÄUME - AKTIONEN - ORTE 51

5.1 Kleinbasel, Wohnort der neuzugezogenen fremdsprachigen Jugendlichen aus dem Klingentalschulhaus 51

5.2 Aktivitäten im Tagesablauf und Streifräume der SchülerInnen der FS 3 57
    5.2.1 Tagesprotokolle der SchülerInnen der FS 3 57
    5.2.2 Interpretationen der Tagesprotokolle 61
    5.2.3 Streifräume der FS 3 63

5.3 Innenräume 69
    5.3.1 Wohnsituationen 69
    5.3.2 Mithilfe im Haushalt 71
    5.3.3 Fernsehkonsum 72

5.4 Aktivitäten in den Aussenräumen 73
    5.4.1 Aktivitäten und Bewegungsräume - Auszüge aus den Tiefengesprächen 73
    5.4.2 Spazieren 75
    5.4.3 Freie Zeit und organisierte Freizeit 77

Inhalt XI

5.5 Die Antworten der Real- und SekundarschülerInnen: ein anderes Bild 79
   5.5.1 Angaben zu Alter, Geschlecht, Herkunft, Beruf der Eltern, Geschwister 79
       und Wohnsituation der Real- und SekundarschülerInnen
   5.5.2 Kontakte zu FreundInnen 80
   5.5.3 Fernsehen 80
   5.5.4 Musikstil, Jugendidentität und Gruppenzugehörigkeit 81
   5.5.5 Aussenaktivitäten - organisierte Freizeit 84

5.6 Kontakt zwischen neuzugezogenen fremdsprachigen und in der 85
Schweiz aufgewachsenen Jugendlichen

5.7 Orte 86
   5.7.1 Parkanlagen 86
       5.7.1.1 Claramatte 87
       5.7.1.2 Horburgpark 88
       5.7.1.3 Ackermätteli 89
   5.7.2 Schwimmbäder 91
   5.7.3 Schulhausplatz 91
   5.7.4 Strassenbereiche 91
   5.7.5 Orte, die Geld kosten 92
   5.7.6 Wünsche, Träume und Ängste 93

6. NEUZUGEZOGENE FREMDSPRACHIGE JUGENDLICHE UND 97
IHR RAUM - ZUSAMMENFASSUNG UND SCHLUSSWORT

6.1 Neuzugezogene fremdsprachige Jugendliche und ihr Raum: 97
Versuch einer Bewertung

6.2 Eine Zusammenfassung in zehn Punkten 101

6.3 Schlusswort 103

7. LITERATURVERZEICHNIS 105

NACHWORT VON DR. CRISTINA ALLEMANN-GHIONDA 111

8. ANHANG 115

8.1 Tabellen 115

8.2 Zeichnungen der SchülerInnen der FS 3 126

8.3 "Die letzte Seite" - Antworten aus der letzten Seite der schriftlichen Befragung 133
    8.3.1 Antworten der SchülerInnen des Klingentalschulhauses 133
    8.3.2 Antworten der Real- und SekundarschülerInnen 139

8.4 Interviewleitfaden für Tiefengespräche 144

8.5 Fragebogen 147

KARTENVERZEICHNIS

Karte 1: Die Wohnlagen der neuzugezogenen fremdsprachigen Jugendlichen in Kleinbasel und eine Übersicht über die vorherrschenden Nutzungen (Quartiere Kleinhüningen, Klybeck, Matthäus, Rosental, Clara)   52

Karte 2: Streifraumkarte von Ercan   64

Karte 3: Streifraumkarte von Hatice   66

Karte 4: Streifraumkarte von Krunoslav   68

Karte 5: Alle Strassen, Plätze, Parks etc., auf denen sich die neuzugezogenen fremdsprachigen Jugendlichen aufhalten, die sie bei der Befragung mit Namen wussten und die die SchülerInnen der FS 3 auf den Streifraumkarten eingezeichnet haben   90

1. EINLEITUNG

1.1 Thema und Vorgeschichte der Untersuchung

Ich beschreibe in dieser Arbeit den Alltag neuzugezogener fremdsprachiger elf- bis sechzehnjähriger Jugendlicher in Basel. Die Jugendlichen, um die es in dieser Arbeit geht, sind Kinder von GastarbeiterInnen und leben durchschnittlich seit zwei Jahren in Basel. Die meisten sind alleine oder mit ihrer Mutter in die Schweiz gekommen, um mit ihren Eltern zusammenzuleben, hier weiter in die Schule zu gehen und vielleicht eine Ausbildung zu machen. Der spezielle Status und die vielfältigen Probleme, denen diese Jugendlichen in der Schweiz ausgesetzt sind, werden in der Öffentlichkeit kaum wahrgenommen. Diese Arbeit ist ein Versuch, den Lebensalltag der Jugendlichen, die Schwierigkeiten des Kultur- und Sprachwechsels, die Wohn- und Freizeitsituation und besonders die Auseinandersetzung der Jugendlichen mit den Räumen und Orten, mit dem Quartier und der Stadt, aufzuzeigen und bekannter zu machen.

Es ist eine Arbeit mit und über Menschen, in der Raum und Handlung als bestimmende Grössen eine zentrale Rolle spielen. Weiter versucht diese Untersuchung, über stereotype Meinungen und Bilder hinauszugehen, differenzierte Wirklichkeiten darzustellen, in der in einem qualitativen Sinne Menschen zu Wort kommen, die zu einer Minderheit gehören: zu den "Schwächeren" in unserer Gesellschaft.

Im Rahmen eines Oberseminars in Geographie schrieb ich im Herbst 1992 eine Arbeit über Armut in der Schweiz. In diesem Zusammenhang wurde auch immer wieder auf verschiedene armutsverursachende, ökonomische und soziale Probleme, die besonders AusländerInnen treffen können, hingewiesen. Dazu gehörte auch die Tatsache, dass Armut sich in der Nutzungsmöglichkeit von Raum manifestieren kann. Darin schien mir viel Interessantes für die geographische Forschung zu liegen (JÄGGI/MÄCHLER 1989, LOWE 1992).[1]

Zur gleichen Zeit wurde ich angefragt, eine Vertretung in einer Fremdsprachenklasse im Klingentalschulhaus in Basel zu übernehmen. Durch frühere Begegnungen war ich mit der Klasse und dem Schulhaus bereits vertraut. (Als Fremdsprachenklassen werden im Kanton Basel-Stadt diejenigen Klassen bezeichnet, welche fremdsprachige Kinder und Jugendliche nach ihrem Zuzug in die Schweiz zuerst besuchen und in denen sie in ein bis zwei Jahren vor allem

---

[1] *"In industrialisierten Ländern sind viele Menschen räumlich isoliert, in unzureichendem oder zu teurem Wohnraum, der meist mit einem unverhältnismässigen Anteil an städtischen Gefahren gekoppelt ist, da diese Gruppen nicht über die politische Macht verfügen, solche Gefahren von ihrer Nachbarschaft fernzuhalten. Was heisst das nun für Fragestellungen der geographischen Arbeit? Betrachtungen über Raumnutzung sind vermehrt auf die Situation von unterprivilegierten, armen Bevölkerungsgruppen auszurichten. Dies wird in vielen Fällen schon gemacht, und insofern kann geographische Forschung bereits einen Beitrag zur Armutsdiskussion liefern. Nötig ist es aber auch, das Augenmerk auf nicht sichtbare, versteckte Armutsgruppen, auf die Probleme der 'Working Poor', der Frauen im allgemeinen, der Situation der GastarbeiterInnen und der Kinder und Jugendlichen aus ärmeren Bevölkerungskreisen zu legen, um aufzuzeigen, dass diesen Menschen kein gleichberechtigter Zugang zu Raum gewährt wird."* (EMMENEGGER 1993, S. 21).

sprachlich auf den Übertritt in eine sogenannte Regelklasse [Kleinklasse, Sekundar-, Realschule, Berufswahlklasse, Frauenfachschule, Diplommittelschule, Handelsschule oder Gymnasium] vorbereitet werden.)

Von da an war es ein kleiner Schritt, in meiner Abschlussarbeit mit neuzugezogenen fremdsprachigen Jugendlichen zu arbeiten. In der Arbeit mit Jugendlichen und mit AusländerInnen hatte ich im Verlaufe meines Studiums Erfahrungen sammeln können, von denen ich nun profitieren wollte (ARBEITSGEMEINSCHAFT GEOGRAPHISCHES INSTITUT 1989, EMMENEGGER 1990, EMMENEGGER 1991).

1.2 Fragestellung

Wie leben Jugendliche, die im Alter von elf bis sechzehn Jahren in die Schweiz gekommen sind, durch ihre Sozialisation im Herkunftsland bereits sehr stark in die Belange des täglichen Lebens eingebunden sind, über feste Freundschaften und räumliche Vorstellungen verfügen, in Basel in einem sozial und kulturell neuen und fremden Umfeld? Das war die erste grundlegende Frage. Weiter interessierte mich aber auch, wie sie den Kulturwechsel erleben, was sie in der Freizeit machen und wie es ihnen in der Schule geht. Aber auch, ob sie Diskriminierungen ausgesetzt sind, wie die Situation der Mädchen ist und ob die Mädchen und Jungen am neuen Wohnort wieder FreundInnen finden. Und dann wollte ich natürlich auch wissen, wo und mit wem sich die Jugendlichen im Quartier und in der Stadt aufhalten, wo sie wohnen, ob sie genug "Platz" haben und vieles mehr. Ich wollte Facetten des Alltags einfangen, Ausschnitte aus dem täglichen Leben aufnehmen und in einer Form wiedergeben, die es die neuzugezogenen fremdsprachigen Jugendlichen in der Öffentlichkeit "bekannter" machen kann.

Die Arbeit ist jedoch eine zeitlich eingegrenzte, punktuelle Beschreibung. Die Begegnungen zwischen den Jugendlichen und mir fanden in relativ kurzer Zeit (März bis November 1993) statt. Ich habe die Lebenssituation der Jugendlichen in erster Linie vom Frühling bis in den Herbst kennengelernt, als es warm genug war, sich draussen aufzuhalten. Wie die Jugendlichen im Winter mit ihrer Freizeit und dem Raumangebot umgehen, wäre Aufgabe einer weiteren Untersuchung. Dazu könnten im Rahmen meiner gesammelten Erfahrungen und Daten nur Vermutungen angestellt werden.[2] Es kann in dieser Arbeit deshalb nicht um eine Darstellung des Verhaltens und auch nicht um eine Erklärung von Aneignungs- und Wahrnehmungsformen im städtischen Raum gehen (vgl. dazu z.B. MUCHOW 1935, HARMS et al. 1985, GLÖCKLER 1988, BLINKERT 1993). Dies würde der speziellen Situation der neuzugezogenen fremdsprachigen Jugendlichen auch nicht gerecht. Sie müssen in der neuen Welt zuerst ankommen und sich in der Zeit, in der sie in die Fremdsprachenklasse gehen, an die Situation in der Stadt Basel gewöhnen. Dabei ist es unsinnig, schon tiefgreifende Prozesse sichtbar machen zu wollen, in dem z.B. anhand von Aneignungsprozessen in Kategorien wie "Sozialisationsdefiziten", "Bil-

---

[2] Zu den möglichen Einschränkungen des Winters siehe z.B. RAUSCHENBACH/ZEIHER 1993, S. 160.

dungsrückständen", "Integrationsschwierigkeiten" zu denken begonnen wird und die Jugendlichen somit als individuell Hilfsbedürftige beschrieben werden müssten.

Wie leicht geschieht es, bei der Betrachtung marginalisierter Bevölkerungsgruppen in das Defizitäre zu fallen, in die Beschreibung der Abweichung, vielleicht kaschiert als "Besonderheiten". Ich wollte die Jungen und Mädchen nicht in Kategorien der AusländerInnenforschung betrachten, die immer wieder dazu missbraucht wird, die heutigen diskriminierenden Zustände zu legitimieren. Es geht in dieser Arbeit um ernstzunehmende Menschen. Mein Wunsch war es, die Jugendlichen möglichst so darzustellen, wie sie sind: als ganz normale, liebe, freche, lebendige, interessierte, verliebte, enttäuschte und auch verängstigte junge Menschen.

Wir wollen *"Kinder und Jugendliche nicht noch mehr als bisher verwalten, sie in Klischees zwängen und in vorgefertigte Richtungen vereinnahmen. Wir wollen auch nicht die 'Spreu' vom 'Weizen' trennen, auf die Bösen zeigen, damit die Guten sich noch besser fühlen, die Auffälligkeiten identifizieren, damit die 'Normalität' noch selbstgerechter werden kann. Was wir wollen, ist, den Alltag von Jugendlichen dokumentieren."* (HARMS et al. 1985, S. 3/4).

Handeln im täglichen Leben ist Ausdruck unserer jeweiligen kulturellen, sozialen und ökonomischen Identität. Ich arbeitete in meiner Untersuchung mit Jugendlichen aus elf verschiedenen Ländern zusammen, die dementsprechend unterschiedlichen Kulturen angehören und deshalb viele verschiedene Formen haben, an Belange im täglichen Leben heranzugehen. Ich merkte schnell, dass ich in dieser Arbeit diese kulturell und im besonderen auch geschlechtsspezifisch unterschiedlichen Verhaltensweisen weder entziffern, noch erklären können würde, wenn ich meine Denk- und Vorstellungsweisen nicht systematisch öffnen würde. *"Es gibt im Leben Augenblicke, da die Frage, ob man anders denken kann, als man denkt, und anders wahrnehmen kann, als man sieht, zum Weiterschauen oder Weiterdenken unentbehrlich ist."* (FOUCAULT 1986, S. 15). Ich konzentrierte meine Anstrengungen darauf, "anderes Denken" als gleichberechtigte Möglichkeit zuzulassen. Nur so konnte ich über lähmende Klischees, vermeintlich Unlogisches oder schlicht Unverständliches hinwegkommen und gerade darin die Besonderheiten der einzelnen Jugendlichen entdecken, die mir dadurch eine ganz neue Welt eröffneten. Daneben war es für mich aber auch wichtig, die Arbeit als einen Beitrag zur Auseinandersetzung um die Stellung ausländischer MitbewohnerInnen in unserer Stadt zu sehen und zu zeigen: *"Wer auch noch in der Schweiz zu überleben versucht."* (MEIER 1993, S. 146).

1.3 Aufbau der Untersuchung

Nach diesen einleitenden Überlegungen versuche ich in einem zweiten Kapitel die grundlegenden Aspekte der Arbeit - die duale Wirkung von Handlung und Raum in bezug auf den Alltag neuzugezogener fremdsprachiger Jugendlicher - in einen theoretischen Rahmen einzubetten, wobei es meines Erachtens äusserst wichtig ist, darauf hinzuweisen, dass Raum eine sozial bestimmte Grösse ist und umgekehrt immer als soziale Bedingungen konstituierend betrachtet werden muss. Im Theorieteil werden auch weitere Aspekte der besonderen Lebensumstände der Jugendlichen, die später wieder aufgegriffen werden, ihre ersten Bezüge finden.

Im Methodenteil geht es, neben der Beschreibung der Auswahl der Untersuchungsgruppen und der angewandten Methoden, um die Frage, wie bei der Anwendung möglichst kommunikativer Methoden Verständigung über die sprachlichen und kulturellen Grenzen hinweg zu erreichen ist.

Bei der Darstellung des Datenmaterials versuche ich in einem ersten empirischen Teil einen Einblick zu geben, wer die Jugendlichen eigentlich sind und woher sie kommen. Ich beschreibe Situationen der Migration, der Abreise und der Ankunft, Schwierigkeiten, die der Kulturwechsel bietet, und benenne, so wie ich es aus den Begegnungen mit den Jugendlichen erfahren konnte, die Bedeutung bestehender und fehlender Schutzräume (Familie, FreundInnen, Schule). Eindrücke aus einer Schulkolonie mit der Klasse FS 3 aus dem Klingentalschulhaus (1993) sollen zusammenfassen und zum zweiten empirischen Teil dieser Arbeit überleiten, in welchem Ausschnitte aus ihrem täglichen Leben in Basel dargestellt werden. Dabei geht es v.a. um "Räume, Aktionen und Orte" der Jugendlichen.

In diesen beschreibenden und interpretierenden Kapiteln habe ich oft mit Originalmaterial gearbeitet. Dies ist eine Folge der von mir angewandten Methoden, die eine Fülle von speziellen Beispielen ergaben, mit denen ich immer wieder versuchte, auf das Allgemeine hinzuweisen, zu zeigen: "So könnte das gemeint sein".

Im letzten Kapitel werden die wichtigsten Gedanken der Arbeit gesammelt, mit weiterem empirischem Datenmaterial verknüpft und in kurzer Form noch einmal zusammengefasst. Das Schlusswort dient dazu, die Situation der neuzugezogenen fremdsprachigen Jugendlichen in der Schweiz in einen politischen Kontext zu stellen und Felder zu nennen, die politische Handlungs- und Lösungsmöglichkeiten erlauben.

Im Anhang befinden sich Tabellen, die die Resultate der schriftlichen Befragung wiedergeben. Ebenso sind dort die Äusserungen der SchülerInnen aus "der letzten Seite" des Fragebogens, sowie Zeichnungen, Interviewleitfaden und der Fragebogen aufgeführt.

2. THEORIE - JUGEND UND RAUM

2.1 Jugend: Voraussetzungen und Definition

Mit diesem Kapitel sollen die nachfolgenden Ausführungen in ein theoretisches Umfeld gebettet werden, welches nicht nur Halt geben, sondern auch auf Widersprüchlichkeiten aufmerksam machen soll. Es ist keinesfalls möglich, die vielfältigen theoretischen Auseinandersetzungen, die sich mit den Themen 'Jugend', 'Raum' und 'Jugend und Raum' befassen, nur annähernd zu beschreiben (vgl. dazu z.B. KRÜGER [Hg.] 1988, HEITMEYER [Hg.] 1986, GREGORY/ URRY [Ed.] 1985, VASKOVICS [Hg.] 1982, BAACKE 1980). Leider ist es im Rahmen dieser Arbeit auch nicht möglich, die äusserst interessante historische Entwicklung der Statuspassage Jugend und des Jugendbegriffs nachzuzeichnen.[3] Aus diesem Grund kann ich auch keine allgemeingültige Definition von Jugend bieten, sondern nur einen Vorschlag machen, als was ich "Jugend" in meiner Arbeit verstehe.

"Jugend ist in meinem Verständnis eine Lebensphase des Aufwachsens, die von den Mädchen und Jungen verlangt, Vorstellungsbildern und Verhaltensweisen von Erwachsenen gerecht zu werden, ohne die dafür nötigen, ökonomischen, kulturellen oder sozialen Verfügungsmöglichkeiten zugestanden zu bekommen. Es ist eine Zeit der besonderen Machtdivergenz, die sehr stark geprägt ist durch Momente der Orientierung, der Ablösung und des Entdeckens."

2.2 Jugendzeit: Vorstellungen und die spezielle Situation neuzugezogener fremdsprachiger Jugendlicher

2.2.1 Eintritt in eine Welt der destandardisierten und flexibilisierten Jugendphase

Das Jugendalter ist zur Konstituierung des Selbstvertrauens und der sozialen Kompetenz sehr wichtig (vgl. z.B. BAACKE 1985). Seit dem Zweiten Weltkrieg erfuhr die Lebensphase Jugend in Westeuropa durch die Ausdifferenzierung gesellschaftlicher Teilsysteme und insbesondere durch den Ausbau des Bildungssystems eine Universalisierung. *"Die systemischen Imperativen folgenden Vergesellschaftungsprozesse kapitalistischer Rationalisierung haben zugleich Arbeitsplätze vernichtet, Beschäftigungsrisiken privatisiert, traditionelle soziokulturelle Milieus und überlieferte sinnstiftende Weltbilder zerstört, gewachsene Lebensräume entmischt und damit zu einer Destandardisierung und Flexibilisierung der Jugendphase und zu einer Zersplitterung und*

---

[3] Ich möchte in diesem Zusammenhang jedoch auf die Darstellung der Entwicklung von Jugend im Verlauf der schweizerischen Geschichte von ZÜFLE (1991) verweisen, in der im besonderen die androzentrische Ausrichtung von "Jugend", zumindest in der Schweiz, historisch nachvollziehbar wird. Dazu für Deutschland PREUSS-LAUSITZ u.a. (1989). Zur Geschichte der Jugendkonzepte vgl. ZINNECKER (1986), S. 121-124.

Atomisierung jugendlicher Lebenslagen geführt, (vgl. Beck 1983, Habermas 1981)." (KRÜGER 1988, S. 18, OLK 1986, S. 47).

Die neuzugezogenen fremdsprachigen Jugendlichen haben diese Modernisierungen und Destandardisierungen in ihrem Heimatland in einem mir unbekannten Rahmen erlebt. Resultate aus der Untersuchung lassen aber vermuten, dass ein Grossteil der neuzugezogenen Jugendlichen in ihrer Heimat in kulturellen und sozialen Milieus lebte, in denen die Ausdifferenzierung der gesellschaftlichen Teilsysteme (z.b. Arbeitsteilung) nicht die Ausmasse angenommen hat, wie in Westeuropa, und somit in ihrer Heimat der Statuspassage Jugend auch nicht die eigenständige Bedeutung beigemessen wird, wie das z.b. in der Schweiz der Fall ist (DEWRAN 1989).[4] Die Jugendlichen treffen in der Schweiz - ausserhalb der Familie - auf eine soziale und räumliche Umgebung, die aufgrund der oben beschriebenen Prozesse jugendliche Lebenszusammenhänge ausdifferenziert hat, deren Folgen (z.b. Privatheit versus Öffentlichkeit, erlaubte und unerlaubte Zugänge) sie im täglichen Leben als gegeben annehmen müssen, die ihnen aber fremd und unverständlich sein können.

Die neuzugezogenen Jugendlichen erleben nicht nur neue objektive Strukturen, sondern auch ihnen unbekannte subjektive Dispositionen. Diese subjektiven Dispositionen unterliegen nach BOURDIEU symbolischen Strukturen, die eine bislang unterschätzte Konstitutionsmacht beinhalten und deren Aneignung ein lebenslanger Prozess ist. Dieser Prozess ist nicht nur von ökonomischem, sondern im Speziellen von kulturellem und sozialem Kapital und somit von statusmässigen Unterschieden abhängig (BOURDIEU 1983, S. 185-198; AUERNHEIMER 1988, S. 58; MAY/PRONDCZYNSKY 1988, S. 109). Dies wird z.b in den ungleichen Zugangschancen zu den Funktionssystemen *"Politik, Religion, Erziehung, Wissenschaft, Familie etc."* sichtbar (OLK 1986, S. 47).

ZINNECKER (1986) zeigt anhand der Kapitaltheorie von BOURDIEU die *"Einlagerung von Jugend in den Prozess der Reproduktion gesellschaftlicher Strukturen, insbesondere der sozialen Klassengesellschaft"* auf. Dabei bezeichnet *"kulturelles Kapital die Zugriffsmöglichkeiten auf den im Laufe der Geschichte angesammelten kulturellen Reichtum; soziales Kapital die Chancen, im sozialen Beziehungsgefüge andere Gruppen für die eigenen Handlungszwecke mobilisieren zu können. Die einzelnen Kapitalsorten repräsentieren unterschiedliche Quellen sozialer Macht."* (S. 99-100).[5]

Jugendliche aus der Unterschicht - und dazu zähle ich die neuzugezogenen fremdsprachigen Jugendlichen nach der Auswertung der Berufe ihrer Eltern - haben nicht nur ein geringeres

---

[4] Ich nehme an, dass es z.b. insbesondere in ländlichen Gebieten im Kosovo oder in der Türkei nicht die Trennung der Statuspassage Jugend, als Freiraum und Lehrzeit ohne Erwerbsarbeit, und dann die Zeit der Lohnarbeit gibt, sondern dass die Jugendlichen bereits mehr oder weniger deutlich in den Arbeitsprozess eingegliedert sind. Dies trifft insbesondere auf die Mädchen zu, die in den meisten Herkunftsländern sehr stark in die Hausarbeit einbezogen sind. Dieser Umstand wirkt sich natürlich stark auf Freizeitformen und Raumnutzungsmuster der Jugendlichen aus.

[5] Dabei muss beachtet werden, dass die Erklärung gesellschaftlicher Funktionen nicht anhand einer Altersgruppe vorgenommen werden kann, da es sich um gesamthafte, soziale Tatbestände handelt, dass aber die Wirkung dieser Funktionen auf eine Altersgruppe bezogen werden kann (OLK 1986).

Kapitalvolumen als ökonomische Macht zur Verfügung, sondern auch nicht dieselben in der Schweiz gültigen, sozialen und kulturellen Kapitalgüter (Machtmittel) wie Jugendliche aus Oberschichtfamilien. Sie können ihre Habitusformen im Gastland nur schwer als Dispositionsmacht einsetzen, da diese nicht vorgesehen sind und nicht als relevant betrachtet werden. Dies widerspiegelt sich z.b. deutlich in den Raumansprüchen und -nutzungen von AusländerInnen in der Schweiz. Meine Ausführungen werden zeigen, dass den neuzugezogenen fremdsprachigen Jugendlichen deswegen räumliche Möglichkeiten versperrt bleiben. Gültigkeit von Habitusformen und Akzeptanz von Kapitalgütern sind jedoch dringend nötig, um statusmässige Fortschritte machen zu können, in unserer Gesellschaft zu Ansehen zu gelangen, akzeptiert und nicht nur geduldet zu werden. Eine andere Möglichkeit des Zugangs könnte dann Wirklichkeit werden, wenn die Vielfalt der Lebensformen in unserer Gesellschaft angenommen und als Chance begriffen würde. Als Voraussetzung dazu wären allerdings gleiche Rechte nötig, die einer Hierarchisierung der einzelnen BewohnerInnen entgegenwirken könnten.

Die Jugendphase der neuzugezogenen fremdsprachigen Jugendlichen bleibt unter den derzeit herrschenden Bedingungen wenig individuiert. Sie kann nicht benutzt werden, um bestimmte Ziele zu erreichen (z.b. Inkorporierung oder Erweiterung des kulturellen Erbes), d.h. die Machtverhältnisse reproduzieren sich. Jugend bleibt *"eher Teil einer konventionalisierten Rolle, die mit einem bestimmten Lebensalter einzunehmen und bei Erreichen eines anderen Alters oder Sozialstatus wieder abzulegen ist."* (ZINNECKER 1986, S. 110-111). Jugend verläuft dementsprechend weitgehend ortsgebunden, situations- und gegenwartsbezogen.

Chancengleichheit in Form gleicher Möglichkeiten des Erwerbs von sozialem und kulturellem Kapital für alle (z.B. Zugang zu höheren Schulen, zu institutionalisierten Freizeitorten, zu Kulturräumen, zu musischer Ausbildung, zu politischen Positionen, etc.) betrachte ich als eine der Hauptbedingungen für eine wirkliche Integration neuzugezogener fremdsprachiger Jugendlicher in der Schweiz. Dass ihnen diese Möglichkeiten nicht zugestanden werden, hat nicht nur mit der auch für 'Eingeborene' geltenden Unterschichtung zu tun, sondern ist ein genereller Ausdruck ihres Status' als AusländerInnen, die im Durchschnitt unterhalb der untersten Schicht der einheimischen Bevölkerung eingestuft werden, wobei der Neuzuzug erschwerend hinzukommt (KOCH-ARZBERGER 1985, S. 173).

2.2.2 Konstruktion eines Stereotyps: Einreisealter und Sozialisationsbedingungen

Den im Jugendalter zugezogenen Kindern von GastarbeiterInnen wird vielfach die Fähigkeit des Erwerbs integrativ wirkender Statusgüter gar nicht zugestanden, da sich in der Jugend- und AusländerInnenforschung das stereotype Bild ergeben hat, dass die im Alter zwischen elf und sechzehn Jahren aus dem Ausland zugezogenen Jugendlichen Sozialisation und Akkulturation im Herkunftsland bereits abgeschlossen haben und sich Ausdrücke ihrer Persönlichkeit an den kulturellen Gegebenheiten der Heimat orientieren. *"Das nur noch teilweise und auf die notwendige Kommunikation bezogene Erlernen der deutschen Sprache (die kaum mehr zur zweiten Schrift-*

und Denksprache wird) kann nicht mehr zur Veränderung der Inhalte der Enkulturation führen. Diese Kinder identifizieren sich mit ihrem Heimatland und ihrer ursprünglichen ethnischen Zugehörigkeit. Sie bleiben in Deutschland Ausländer. Wir müssen daher annehmen, dass ihrerseits der Wunsch und die Absicht besteht, in ihr Heimatland zurückzukehren, da sie von assimilierenden Prozessen ausgeschlossen sind." (SCHRADER/NIKLES/GRIESE 1976, S. 68). Dieser Gedanke wurde in der Literatur so oft rezipiert, dass er zu einem Schematismus wurde (z.B. DEWRAN 1989, WEBER 1989, WALZ 1980). Er soll an dieser Stelle in zweifacher Hinsicht kritisiert werden. Erstens gehen die Verallgemeinerungen im Text von SCHRADER et al. von einer idealen Sozialisation ausländischer Kinder und Jugendlicher gemäss dem Einreisealter als Schlüsselgrösse aus. AUERNHEIMER (1988) kritisiert diese idealtypischen Vereinfachungen, in dem er darauf hinweist, dass das Einreisealter *("Schul-, Vorschul-, Kleinstkind")* nicht die bestimmende Konstante der möglichen Akkulturations- oder Assimilationsprozesse darstellt und dass es keinen Grund gibt anzunehmen, Grössen wie "Identitätsfindung", "Entwicklung einer monokulturellen Basispersönlichkeit" und "Akkulturation" seien in einem bestimmten Alter abgeschlossen, wie dies Schrader behauptet. AUERNHEIMER entgegnet, *"dass es auf gesellschaftliche (damit historische) 'Bedeutungskonstellationen', gegeben durch ökonomische, politische, soziale und kulturelle Entwicklungen, im Prinzip unbegrenzt viele mögliche Antworten gibt, die nur aus den jeweiligen biographischen, persönlich sinnvollen 'Handlungsgründen' verstehbar sind."* (1988, S. 38).

Die Gefahr des von SCHRADER et al. gezeichneten Bildes liegt nicht in seiner scheinbar bestechend einfachen Logik, sondern in der Umkehr, die lautet: Die Kinder und Jugendlichen, die im Alter zwischen elf und sechzehn Jahren in die Schweiz eingereist sind, können in der Diskussion um Eingliederungsmöglichkeiten und -hilfen vergessen werden. Sie sind aufgrund ihrer in der Heimat abgeschlossenen kulturellen Sozialisation nicht fähig oder bereit, sich neu zu orientieren. Das Schaffen von Möglichkeiten des gleichberechtigten Zugangs zu sozialen und kulturellen Kapitalgütern ist verschwendete Energie. AUERNHEIMER erwähnt für Deutschland folgendes Beispiel: *"Schliesslich hat diese 'Theorie' im politischen Streit um das Nachzugsalter ausländischer Kinder denen die wissenschaftliche Legitimation geliefert, die für eine Beschränkung des Familiennachzugs eintraten."* (1988, S. 40).

Zweiter Kritikpunkt an SCHRADERs et al. Theorie ist seine Behauptung, dass im Jugendalter neuzugezogene Menschen in Deutschland AusländerInnen bleiben. *"Ausländische Jugendliche erfahren nicht, dass sie Ausländer sind, sondern dass sie als solche behandelt werden."* (HAMBURGER/SEUS/WOLTER 1984, S. 38). Mit den Statuszuweisungen, die unsere Gesellschaft gegenüber ausländischen Jugendlichen anwendet, welche, ausser in ganz wenigen Fällen, zu einer Kulturabwertung führen, wird die Verunsicherung beim Versuch, in der neuen Umgebung klarzukommen, erhöht.

2.2.3 Migration und Selbstkonzept: Schwierigkeiten im neuen Umfeld

"Kritische Lebensereignisse beeinflussen das Selbstkonzept massgeblich. Ein Kulturwechsel stellt ein kritisches Lebensereignis dar, das (...) zum Verlust personaler Kontinuität und Identität führen kann." (WEBER 1989, S. 30/38, vgl. dazu auch STOFFEL 1989, DEWRAN 1989, AUERNHEIMER 1988, ALLEMANN-GHIONDA/LUSSO CESSARI 1986). Die meist nicht selbstbestimmte Migration muss als eines der einschneidendsten Ereignisse im Leben eines Jugendlichen bezeichnet werden.

Neuzugezogene fremdsprachige Jugendliche müssen, herausgerissen aus vielen bekannten Sozialkontakten und Raummustern, in einer neuen Umgebung an verschiedenen Fronten ihren Weg finden (Familie, neue Sprache, neue kulturelle Muster, neue Freundschaften, neue räumliche Umgebung, etc.). Die Anforderungen der neuen Umgebung sind unverständlich, und Ansprüche, die sie an ihre Umgebung stellen, werden auch nicht verstanden. Es dauert, bis die grundlegenden *"kulturellen Selbstverständlichkeiten"* erkannt sind. Die *"kaum lösbaren Schwierigkeiten ihrer Identitätsfindung im Konflikt zwischen den traditionellen Normen, Werten und Verhaltensvorstellungen ihrer Herkunftsgesellschaft und den soziokulturellen Erwartungen und Forderungen der Aufenthaltsgesellschaft"* können zu mangelnden Chancen und psychischen Störungen führen (DEWRAN 1989, S. 101/102). Zudem werden die neuzugezogenen fremdsprachigen Jugendlichen nicht als spezifische Bevölkerungsgruppe wahrgenommen. Im täglichen Leben wird ihnen mit Abwehr und Angst begegnet. Die entstehende Verunsicherung der Jugendlichen wird noch verstärkt, weil Anspruchshaltungen ausländischer Jugendlicher in unserem Denken nicht vorgesehen sind. Verlangt wird Dankbarkeit. *"Unter soziokultureller Perspektive leben Jugendliche aus Gastarbeiterfamilien in einem alltäglich erfahrbaren interkulturellen Konflikt zwischen den Kultur- bzw. Verhaltens- und Sprach-Mustern ihres Herkunftslandes (...) und den Kultur- bzw. Verhaltens- und Sprach-Mustern"* des Gastlandes (WALZ 1980, S. 122).

Auf der anderen Seite möchte ich deutlich hervorheben, dass trotz vielfach negativer Migrationserfahrungen und schwierigen Ankunftssituationen die Migration sich insofern positiv auf die Jugendlichen auswirken kann, als sie Schritte zur Aufbrechung des festgefügten Selbstbildes ermöglicht und für viele eine Chance bedeutet.[6] *"Durch die Migration erleben sie sich anders als bisher, müssen unter neuen Bedingungen überleben, Fähigkeiten ausprobieren, die Eingeborene nie benützen mussten. Die problematische These, EinwanderInnen würden zwischen zwei Kulturen leben, muss deshalb abgewandelt werden: sie leben in mehreren Kulturen. Diese Tatsache wird weder in der Theoriebildung noch im Alltagsdenken berücksichtigt; deshalb die als selbstverständlich angesehene Forderung, EinwanderInnen hätten sich zu entscheiden, wo sie hingehörten, oder aber die Aufforderung, die eigene, fremde Kultur und Identität zu bewahren."* (KALPAKA 1991, S. 42). Die Fähigkeit und Möglichkeit, die eigene Kultur in einem neuen Umfeld zu leben und sich darin weiterzuentwickeln, wird den Jugendlichen nicht zugestanden. Wenn dies nicht möglich ist, können sich als Bewältigungsstrategien Abwehr und Delinquenz

---

[6] Was wiederum gegen die Aussage von SCHRADER et al. spricht.

oder, als andere Reaktion, intensive Orientierung und Anpassung an die im Gastland herrschenden äusserlichen - meist konsumorientierten - jugendlichen Vorstellungen durchsetzen (HAMBURGER/SEUS/WOLTER 1984, WEBER 1989). Auch die Rückkehrorientierung kann zu einer möglichen Bewältigungsstrategie der fremdsprachigen Jugendlichen werden. Viele Eltern wandeln dazu die Rückkehr in eine Art Mythos um (EMMENEGGER 1991, S. 44-46).

2.2.4 Freundinnen, Freunde und die Frage nach dem Alter von Peer-Groups

Freundinnen und Freunde zu haben, ist ein Wunsch aller Jugendlichen. Neuzugezogenen fremdsprachigen Jugendlichen können FreundInnen helfen, Probleme des Ortswechsels aufzufangen. In der Literatur wird dies aus der im Jugendalter eminenten Bedeutung der Peer-Groups in Form von Gleichaltrigengruppen ersichtlich. Bei der Betrachtung der Art der Freundschaftskontakte unter Jugendlichen muss in bezug auf neuzugezogene fremdsprachige Jugendliche mitbedacht werden, dass die Hauptbedingung, nämlich der notwendige Kontakt in Gleichaltrigengruppen, nicht in der Enge gesehen werden darf, wie z.b. SCHRADER et al. (1976) dies tun.[7] Für die Analyse der Situation von neuzugezogenen fremdsprachigen Jugendlichen ist die Übernahme von Theorien, die aus industrialisierten, westeuropäischen oder amerikanischen Verhältnissen stammen und nur diese Gesellschaften als mögliche Kulturformen ansehen, zu einfach und versperrt den Blick für die verschiedenartige soziale Ausgestaltung der Freundschaftsbezüge, die zu einem grossen Teil innerhalb der Familien und der Verwandtschaft, mit Brüdern, Schwestern, Cousins, Onkeln und Tanten stattfinden, also nicht in Gleichaltrigengruppen ablaufen.

Trotzdem bleibt es natürlich eine unbestrittene Tatsache, dass auch Peer-Groups von Gleichaltrigen Probleme des Kulturwechsels auffangen können, was besonders bei den Kontakten in der Schule sichtbar wird. *"Die jugendlichen Gleichaltrigengruppen können durchaus als Pufferzone aufgefasst werden; sie halten über die ähnliche Lebenslage ihrer Mitglieder gewisse Intimbeziehungen aufrecht. Die jugendlichen peers erlauben ihnen (den Jugendlichen), mit einer tendenziell eigenen Mode, eigener Musik, eigenen Umgangsformen ein Stück Selbstgestaltung zu erproben, vielleicht durch eine Art austariertem, 'abweichendem' Verhalten die Grenzen gesellschaftlich akzeptierter Möglichkeiten zu testen."* (BAACKE/FERCHHOFF 1988, S. 299).

---

[7] *"Der Kulturwechsel mit seinen daraus folgenden Verhaltensunsicherheiten, Orientierungslosigkeit und Identitätsdiffusion für die heranwachsenden ausländischen Kinder hat interpersonelle und individuelle Bedürfnisse zur Folge, die 'typisch jugendlich' sind und die allein in Gruppen von Gleichaltrigen befriedigt werden können."* (SCHRADER 1976, S. 181).

2.2.5 Jugend und Geschlecht

Die in unserer Gesellschaft wirksamen patriarchal geprägten Macht- und Handlungsformen und die daraus hervorgegangenen Raumnutzungsmuster reproduzieren sich bereits im Leben heranwachsender Frauen. Neuzugezogene fremdsprachige Mädchen sind dabei einer Doppelbelastung durch die oftmals patriarchal geprägten Kulturformen ihrer Herkunftsländer und den auch hier herrschenden ungleichen Chancen der Geschlechter ausgesetzt. Sie müssen in der Familie und der Öffentlichkeit Doppelstrategien entwickeln, um sich durchsetzen zu können.

BILDEN und DIEZINGER zeigen auf, dass 'weibliche Jugend' historisch eine relativ neue und fragile Erscheinung ist und dass Mädchen auch heute noch an Jungen gemessen werden, und zwar im Sinne einer Abwertung. Die Wurzeln dieser Entwicklung liegen in der gesamtgesellschaftlichen Auseinandersetzung mit Jugend, die sich an der Normalbiographie männlicher Lebensläufe orientiert. *"Jugend wurde gesellschaftlich-praktisch und wissenschaftlich-theoretisch an und für Jungen unter den Bedingungen bürgerlicher Gesellschaft entwickelt."* (1988, S. 135). MASSEY zeigt dazu: *"dass Raum und Ort, Räume und Orte und die Art und Weise, wie wir sie erfassen (sowie damit verbundene Dinge, wie etwa der unterschiedliche Mobilitätsgrad), durch und durch geschlechtsspezifisch bestimmt sind. Mehr noch sie sind auf tausend verschiedene Arten geschlechtsspezifisch bestimmt, die je nach Kultur und Zeit variieren. Diese Determinierung von Raum und Ort durch das Geschlecht widerspiegelt und beeinflusst ihrerseits die Art, wie das Geschlecht in der Gesellschaft, in der wir leben, konstruiert und verstanden wird."* (1993, S. 110).

Jugend als Zeit individueller Persönlichkeitsentwicklung setzt aber Freiräume auch für Mädchen ganz konkret in Raum und Zeit voraus. Ist der in der Jugendphase immer wichtiger werdende Aussenraum durch männliche Kulturen und Gruppen geprägt, was er in den meisten Bereichen ist, können Mädchen ihren Platz nur schwer behaupten, resp. ihnen wird ein Ort zugewiesen (BILDEN/DIEZINGER 1988, S. 142, RAUSCHENBACH/ZEIHER 1993, S. 142-168, MASSEY 1993 S. 109-122). LUCA-KRÜGER (1990) erläutert anhand von Beispielen der Bereiche "Spiel-Spielzeug", "Kleidung-Körper" und "Architektur-Wohnen" die eingeschränkten Möglichkeiten der Raumerfahrung und Raumnutzung von Mädchen. *"Enge Räume - grosse Träume. Mädchen erleben früh, dass ihnen ein geringerer Aktionsradius zugestanden wird als Jungen. Mädchen arrangieren sich mit den ihnen zugewiesenen Räumen auf ihre Weise. Je älter, desto lautloser."* (S. 37). Am Beispiel der 'Barbie-Puppe', resp. des 'Masters of the Universe' oder 'He-Man', zeigt sie, dass gegensätzliche Raumansprüche von klein auf ganz selbstverständlich verinnerlicht werden und Spielzeug als Körpererfahrung Raumerfahrung vorwegnimmt. Gleiche oder ähnliche Beispiele können vielerorts gefunden werden, doch erscheint mir dieses Beispiel besonders treffend, weil Barbie- und He-Man-Puppen auf der ganzen Welt ihre Verbreitung haben. He-Man und seine Kumpels fliegen jeden Nachmittag in japanischen und französischen Trickfilmen über den Bildschirm, und nachts sind wilde He-Men in amerikanischen Wrestling-Shows zu sehen. Die Barbie-Puppe ist dazwischen in ihrem lebendigen Equivalent in den Vorabendsendungen zu bewundern.

Besonders in der öffentlichen Jugendkultur, z.B. in den Jugendtreffpunkten, sowie in der Orientierung an Peer-Groups heisst das für Mädchen, *"sich ohne viel Chancen fürs Finden eines eigenen Standpunktes in eine Jungen- und Männerkultur zu integrieren und ihre Identität über ihre mehr oder weniger von Jungen definierte Stellung darin zu suchen. Jugend- (= Jungen-) Kulturen dienen der Konstitution männlicher Geschlechtsidentität, indem die Jungen Abgrenzungen und Überlegenheitsrelationen zu den Mädchen aufbauen. Auch dort (in der Jugendkultur) bietet sich kein Freiraum, in den sie quasi eindringen können. Diese Räume sind schon besetzt. Dort erfahren sie sich als Fremde in der eigenen Kultur."* (BILDEN/DIEZINGER 1988, S. 143/151). Die Widersprüche, in die Mädchen unter diesen gesellschaftlichen Zuordnungsmechanismen geraten und denen sie im Alltag ausgesetzt sind, müssen kontinuierlich aufgedeckt und benannt werden, ansonsten kann Mädchen und Frauen immer wieder die Schuld an ihrem Handeln und ihrer sozialen Situation gegeben werden. *"Mehr Autonomie für weibliche Jugendliche würde aber v.a. auch andere Familien- und Lebensformen voraussetzen, welche soziale Bindung und individuelle Autonomie nicht dichotom auf Geschlechter verteilen."* (BILDEN/DIEZINGER 1988, S. 143).

2.3 Jugend und Raum

2.3.1 Ein Beispiel aus dem Innenraum: Fernsehen

Haben Mädchen und Jungen keine Orte, wo sie hingehen können, werden sie von Orten und aus Räumen verdrängt oder erleben sie die Umgebung als zu feindlich, bleiben sie zu Hause und sehen oft fern. Je mehr die immer einseitiger werdende Medienberieselung für Erwachsene als legitimiert erscheint, desto stärker wird dem Fernsehen eine Gefahr für die Entwicklung von Kindern und Jugendlichen beigemessen.[8] Fernsehen, ebenso wie "Bildschirmfreizeit" wie Videokonsum und Computerspiele, gehören zum Alltag aller Jugendlichen.

Die Nachteile des Fernsehens liegen meines Erachtens weniger in dem, was die Jugendlichen schauen, sondern darin, dass Fernsehen Zeit braucht, die anderswo fehlt. In dieser Zeit werden nur Second-Hand-Erfahrungen geliefert. Erkenntnisse, die aus dem Fernseher kommen, können nicht mehr anhand selbsterfahrener Erlebnisse nachgeprüft werden. Authentische Erfahrungen gehen dabei verloren, resp. Bewältigungsmuster werden in der Handlung mitgeliefert. Es kann sich dabei eine *"hohe formale Kompetenz in Verbindung mit einer unterentwickelten Semantik"* herausbilden *("fehlende Bedeutungen aufgrund fehlender Primärerfahrung"*, BLINKERT 1993, S. 24). Die Ausdrucksfähigkeit bleibt gering, was ein Verstummen kreativer Auseinandersetzungsformen zur Folge haben kann. Es kann aber auch *"eine Art 'Bedürfnisfixierung' eintreten,*

---

[8] Dasselbe Problem sehe ich in der Diskussion um Jugend und Gewalt. Auch dort wird vielfach eine Unfähigkeit der Erwachsenen (und insbesondere der Männer), mit Gewalt umzugehen, kaum hinterfragt, dafür bei den Jugendlichen umso stärker thematisiert.

die den Entwicklungsprozess zu mehr Selbständigkeit und Autonomie behindert" (BLINKERT 1993, S. 24, 120/121, 180; 1992, S. 128/129). Dies trifft bei Computerspielen nur bedingt zu, da hier sehr wohl in die simulierte Kunstwelt des Bildschirms eingegriffen werden kann, wobei die Jugendlichen erstaunliche Fähigkeiten entwickeln, die, da sie wirklich neu sind, mit den Momenten einer vorcomputerisierten Kindheit nicht verglichen werden können. *"Das Fernsehen ist vielleicht nur vorübergehend attraktiv genug, um Kinder mit ungünstigen ausserhäuslichen Spielmöglichkeiten zu faszinieren."* Fernsehen ist passiv. *"Der Computer dagegen bietet einen Aktionsraum an. Seine Begrenzung besteht darin, dass die Aktivitäten nur in einer symbolisch bzw. elektronisch geschaffenen Kunstwelt stattfinden, dass also keine Erfahrungen mit realen Bedingungen möglich sind. Diese simulierten Kunstwelten könnten ein immer wichtigerer Ersatz für Aktionen in der realen Welt werden."* (BLINKERT 1993, S. 151).

Die Bewältigungsmuster im Fernsehen und in den meisten Computerspielen reproduzieren aber auch die bestehenden Herrschaftsverhältnisse, resp. verstärken traditionell rassistische und sexistische Machtformen und *"verfestigen Klischees zu Illusionen und zu verzerrten und stereotypen Weltsichten."* (BLINKERT 1993, S. 150). Die leichte Zugänglichkeit zu Medien kann zusätzlich zu Abhängigkeit und Flucht ins Fernsehen führen (vgl. MÜLLER 1992, S. 9). Den Jugendlichen kann meines Erachtens sehr wohl Kompetenz im Umgang mit Medien zugestanden werden. Fernsehen kann auch Wissen und Eindrücke von der weiten Welt liefern. Dank der Satellitenempfangsmöglichkeit können z.b. TürkInnen oder PortugiesInnen Informationen aus ihren Ländern direkt empfangen. *"Positiv gesehen sind Medien eine Erweiterung der Erfahrungs- und Erlebnismöglichkeiten der Kinder."* (MÜLLER 1992, S. 9).

2.3.2 Bedeutung des Raumnutzungswandels in bezug auf Freiräume, Raumaneignungs- und Aktionsmöglichkeiten, insbesondere der neuzugezogenen fremdsprachigen Jugendlichen

Die oben dargestellte Ausdifferenzierung gesellschaftlicher Teilsysteme hat neben den Einflüssen auf die Lebensphase Jugend auch Auswirkungen auf die Möglichkeiten, wie Jugendliche den Raum nutzen können (GREGORY/URRY 1985). Raum ist nicht nur eine objektive Grösse, sondern wirkt als subjektive Kategorie auf den Menschen (HARMS et al. 1985). Räume sind Ausdruck der sozialen Interaktionsmöglichkeiten und gesellschaftlichen Selbstverständnisse. Sie werden von diesen beeinflusst und steuern in ihrer Ausgestaltung die sozialen Entwicklungsmöglichkeiten. *"Space is a social construct. But social relations are also constructed over space, and that makes a difference."* (MASSEY 1985, S. 12). Wir müssen in der sozialwissenschaftlichen Praxis *"Raum im Sinne von gegenseitigen Beziehungen auffassen, als die simultane Koexistenz sozialer Beziehungen, die nicht anders als dynamisch begriffen werden können. Mehr noch, gerade weil es soziale Beziehungen sind, sind sie auch voller Symbole und Macht."* (MASSEY 1993, S. 120).

Jugendliche haben in Städten und so auch in Basel vermehrt Probleme, "ihre" Räume zu behaupten, Freiräume und Ellbogenfreiheit zu finden. Die oben beschriebene Schwierigkeit für Mädchen, Räume zu ergreifen, ist auch Ausdruck eines generell herrschenden Mangels an Freiräumen für Jugendliche (ROSSE 1991, ARBEITSGEMEINSCHAFT GEOGRAPHISCHES INSTITUT 1989). Gewachsene Lebensräume werden zerstört oder entflechtet. Für Jugendliche wird es zunehmend schwierig, den dem Alter entsprechenden, wachsenden Raumradius mit positiven und kreativen Handlungsweisen zu füllen. Gerade im Jugendalter entwickelt und vergrössert sich der Bewegungs- und Erlebnishorizont entscheidend, so wie auch erste pubertär gesteuerte Verhaltensmuster zum Tragen kommen, die nicht mehr "im eigenen Hof" ausgetragen werden können. Neuzugezogene fremdsprachige Jugendliche leben dazu in sehr verdichteten, freiraumarmen städtischen Gebieten, was eine positive Auseinandersetzung mit Raum erschweren kann.

Die nach BLINKERT nötigen Voraussetzungen, damit Räume Jugendlichen Aktionschancen möglich machen, wären gegeben, wenn:
1. Die Zugänglichkeit gewährleistet ist (keine räumlichen Barrieren).
2. Keine oder nur wenige Gefahrenmomente Aktionen verhindern.
3. Die Räume gestaltbar sind (Veränderung von Aktionsräumen).
4. In den Räumen Interaktionschancen bestehen (1993, S. 10-15).
Dies ist in den Wohngebieten der fremdsprachigen Jugendlichen nur bedingt möglich (vgl. Kap. 5.1, S. 51). Eine positive Raumwahrnehmung wäre meines Erachtens eine Grundvoraussetzung für eine spätere, engagierte, verantwortungsbewusste Auseinandersetzung mit der eigenen städtischen Umwelt und somit auch ein integratives Moment.

Es darf aber nicht vergessen werden, dass Jugendliche aktive GestalterInnen ihrer Umwelt sind und eine Entwicklung als Handlung im Kontext erleben (KRÜGER 1988, S. 18 und HEITMEYER 1986, S. 18). Raumaneignung als aktiver, dynamischer Prozess der Auseinandersetzung und Interaktion mit Raum ermöglicht es den Jugendlichen, die den Räumen durch ihre gesellschaftliche Machtstruktur innewohnende Bedeutung kreativ umzudeuten (HARMS et al. 1985, S. 21). Der Raum kann durch die Aktivitäten der Kinder und Jugendlichen auch neue, unvorhergesehene Bedeutungen erhalten (MUCHOW 1935 [1978], S. 40-55). Aneignung als tätige Auseinandersetzung wird aber erst möglich, wenn die Bestimmtheit gesellschaftlicher Zusammenhänge *"nicht nur als Summe der Einzelpunkte, sondern als Ensemble, als gesamtes Netz"* vorgestellt und betrachtet werden können (HARMS et al. 1985, S. 22-25). Und genau bei dem für die Auseinandersetzung mit Raum wichtigen Erkennen und Umsetzen der gültigen gesellschaftlichen Codes haben neuzugezogene fremdsprachige Jugendliche Nachteile zu vergegenwärtigen, wie oben dargestellt wurde.

Ich möchte, indem ich den Wandel von Lebensraummodellen für Jugendliche mit Hilfe der Ausführungen von ZEIHER (1989) genauer darstelle, aufzeigen, wie sich Aktionsmöglichkeiten im Raum mit der speziellen Situation der neuzugezogenen fremdsprachigen Jugendlichen verbindet. ZEIHER beschreibt die Entwicklung von Aktionsräumen für Kinder und Jugendliche in Westeuropa seit 1945 in vier Phasen, die sich insbesondere in einer zunehmenden Spezialisierung von Räumen ausdrückt (vgl. dazu auch LIST 1993, BLINKERT 1993). In dieser Entwicklung sieht sie den Grund, dass die noch in den sechziger Jahren vertretene Vorstellung der allmählichen Lebensraumerweiterung von Kindern und Jugendlichen in konzentrischen Kreisen heute nicht mehr gelten kann und zur Beschreibung von Raumaneignung nicht mehr taugt. *"Dieses Modell des einheitlichen Lebensraumes setzt voraus, dass aller Raum so multifunktional nutzbar ist,"* beziehungsweise, dass Funktionsentmischung und Arbeitsteilung nicht so stark fortgeschritten sind, *"dass im Prinzip um jede Wohnung herum ein Segment herausgeschnitten werden kann, in dem alles Tun seinen Ort findet."* (ZEIHER 1989, S. 187). Sie sieht die Raumerweiterung Kinder und Jugendlicher heute eher in Form von Inseln, die nach Bedarf aufgesucht werden, miteinander aber nicht mehr verbunden sind. *"Der Lebensraum ist nicht ein Segment der realen räumlichen Welt, sondern besteht aus einzelnen separaten Stücken, die wie Inseln verstreut in einem grösser gewordenen Gesamtraum liegen, der als ganzer unbekannt oder zumindest bedeutungslos ist."* (S. 187). Vorstellungen von Zwischenräumen existieren nicht. Es findet eine Entsinnlichung von Raum statt. Die Nutzung des Raumes in Inseln bedarf einer Organisation von seiten der Jugendlichen und ihrer Eltern, die ausgeprägt nur in den Strukturen, wie sie in Mittel- und Oberschichtfamilien herrschen, nachvollzogen werden kann (DAUM 1990, S. 19). *"In Wohnquartieren, in denen überwiegend Mittelschichtfamilien wohnen, sind Raumnutzung und Formen sozialer Kontakte in höherem Masse 'verinselt' als in Arbeiterquartieren."* (RAUSCHENBACH/ZEIHER 1993, S. 145). In diesen Bevölkerungsschichten besteht auch ein immanentes Bedürfnis, den Kindern und Jugendlichen den Zugang zu diesen "Inseln" zu gewährleisten, um ihnen den Erwerb von "statuserhaltendem" Kultur- und Sozialkapital zu sichern (ZINNECKER 1988, nach BOURDIEU 1983).

Viele der neuzugezogenen fremdsprachigen Jugendlichen kommen aus ländlichen Gegenden, welche die durch die kapitalistische Organisationsstruktur hervorgerufene Spezialisierung von Räumen nicht in dem Masse mitgemacht haben, wie das z.B. in der Schweiz der Fall ist. Sie sind in einem Umfeld aufgewachsen, in dem noch eher eine Aneignung in konzentrischen Kreisen, vom Wohnraum zum Aussen- und Peripherieraum, möglich war. Sie treffen bei einem Zuzug auf Raumsituationen, die eine starke Funktionsentmischung mitgemacht haben und deren Nutzung eher dem Modell des verinselten Lebensraumes entspricht. Mit anderen Worten: neuzugezogene fremdsprachige Jugendliche kommen aus Verhältnissen, in denen sie eine ganzheitliche Erfahrung von Raum machen konnten, in Raumverhältnisse, die unter dem Diktat der Verinselung und Entsinnlichung stehen. Diese Inseln können die Jugendlichen isolieren, insofern sie zuwenig mobil sind oder keine Unterstützung erhalten, die Bereiche zwischen den Inseln zu überwinden. Verstärkend wirkt dabei die gesellschaftliche Marginalisierung von AusländerInnen, die gerade Jugendlichen den Zugang zu Orten erschweren kann oder das Risiko der Diskriminierung nach sich zieht. *"Negativeffekte im einen Bereich können durchaus andernorts ausgeglichen werden. Sie können aber auch umgekehrt kumulieren. Dann wird der 'Lebensweg' für Kinder bedrohlich. Es fehlt ihnen Raum zur Entwicklung."* (RAUSCHENBACH/ ZEIHER 1993, S. 146/151). In bezug auf die geschlechtsspezifisch unterschiedliche Situation heisst das: *"Diese Gefahr droht einem ausländischen Mädchen, das in einer engen und dunklen*

Hinterhauswohnung lebt, mehr, als einem im selben Haus wohnenden Ausländerjungen, und sehr viel mehr, als einem deutschen Mittel- oder Oberschichtmädchen oder -jungen." (RAUSCHENBACH/ZEIHER 1993, S. 151).

DAUM (1990) geht mit der von ZEIHER dargestellten Entwicklung der Bedeutung der Verinselung von Lebensräumen einig, kritisiert aber die überaus starke räumliche Ausrichtung in dem Modell. Er betont noch einmal den wechselseitigen, komplexen Prozess der Auseinandersetzung von Jugend und Raum, *"der nicht einfach durch die Gegebenheiten, entweder der Persönlichkeit von Kindern und Jugendlichen oder der strukturellen Beschaffenheit der Lebensräume, erklärt werden kann."* (S. 20). Es ist schwierig, die Sozialisationsrelevanz einer einzelnen Komponente abzuschätzen - etwa der räumlichen Lebensbedingungen Jugendlicher in bezug auf ihre Entwicklungsmöglichkeiten. *"Auffällig oft geschieht dies etwa in folgender Weise: Eine städtische Umwelt sei so anregungsarm und öde, dass sie nur negative Auswirkungen auf die Persönlichkeitsentwicklung von Kindern und Jugendlichen haben kann."* (DAUM 1990, S. 20).

Damit soll aber nicht der Profanisierung und Einfallslosigkeit bei der Gestaltung der Umwelt das Wort geredet werden. Wichtig ist, dass Jugendliche Gelegenheiten finden zu persönlicher, eigenständiger Gestaltung ihres Alltags und dass sie ihre eigenen sozialen Räume finden, manifestieren und beanspruchen können. *"Die Aneignung von Räumen, Orten und Plätzen als ein wichtiges Stück von Sozialisation geschieht oft in sehr viel unauffälligeren Formen, manchmal eher im bewusstlosen Zugriff auf die kleinen Dinge des Alltags."* (DAUM 1990, S. 22). Trotz den Schwierigkeiten, die neuzugezogene fremdsprachige Jugendliche bei ihrem Eintreten in den neuen Raum haben, kann ihnen zugestanden werden, dass sie Möglichkeiten, Winkel und Zwischenbereiche finden, in denen sie aufgehen und sich wohlfühlen können.

3. METHODEN ODER WIE IST VERSTÄNDIGUNG ZU ERREICHEN?

3.1 Das methodische Forschungsverständnis der Arbeit

Die gesamte Arbeit steht in einem Forschungsverständnis, welches sich an der sozialgeographischen Tradition des Geographischen Instituts in Basel orientiert.[9] Dieser Richtung ist der Einbezug qualitativer, auf Kommunikation bedachter Forschungsinstrumente ein besonderes Anliegen. Wichtige Impulse kamen auch aus der Methodendiskussion der deutschen Jugendforschungsliteratur, die neben den für diese Arbeit wichtigen theoretischen Inputs auch mein methodisches Rüstzeug verbesserte.

Die Entwicklung der angewandten Methoden war ein fortlaufender dynamischer Prozess, der sich über die gesamte Untersuchungszeit hinzog. Alle im Verlauf der Arbeit benutzten Methoden wurden durch die Möglichkeiten der Begegnung und des Zugangs bestimmt. Die Grenzen der Methoden wurden demzufolge durch das Fehlen von Begegnungsmöglichkeiten und durch die Schwierigkeiten der Verständigung gesetzt. Im Rahmen dieses Forschungsverständnisses hält sich die Methodenauswahl an ein grundlegendes Kriterium: die Methoden haben sich am Inhalt einer Untersuchung zu orientieren und nicht umgekehrt (SCHÜTZE et al. 1980). *"Was auf den ersten Blick vielleicht trivial scheint, ist es längst nicht, nämlich der Anspruch, dass sich die Methoden nach den Inhalten richten sollten. Die Folgen ihrer Missachtung sind besonders deutlich geworden bei der Anwendung naturwissenschaftlicher Modelle in den Sozialwissenschaften, und sie werden auch immer weiter blossgelegt in den Fragen feministischer Wissenschaftlerinnen um den männlichen Massstab unserer 'allgemeingültigen' Forschungsweisen und Ergebnisse (s.z.b. Hausen und Nowotny 1986, Schmelzkopf 1984)."* (MEIER 1989, S. 39). Zu oft geschieht es, dass bei der Feldarbeit mit Menschen die Methoden zuwenig genau auf die Individualität der zu Untersuchenden ausgerichtet werden.

Da die zu Untersuchenden in diesem Falle Jugendliche sind, die eine Fülle verschiedener Handlungsmuster in sich vereinigen, war es nötig, *"wenn alle Jugendlichen die gleiche Form der Ansprache erhalten sollten, sehr offene, kommunikative Methoden"* zu finden. *"Es war daher wichtig, direkt an die Jugendlichen zu gelangen, den persönlichen Kontakt und den Dialog zu suchen."* (EMMENEGGER 1990, S. 206). Die Begegnungen mit den neuzugezogenen fremdsprachigen Jugendlichen begannen lange bevor ich die Untersuchung startete. Sie waren immer durch eine schwierige Kommunikationsbasis, die sich aus der unterschiedlichen Sprachsituation ergab, geprägt. Trotzdem bot die direkte Begegnung die einzige Möglichkeit, den Alltag der Jugendlichen besser ergründen zu können. Massgebliche Bereiche der gesellschaftlichen Realität können nur durch die Sichtweise alltagsweltlich handelnder Gesellschaftsmitglieder erfasst werden. Ich kann als Forscher die Sichtweise, die die befragten Jugendlichen von der sozialen Wirklichkeit haben, nicht erkennen. Sie ist mir

---

[9] Vgl. dazu: Arbeitsgemeinschaft Geographisches Institut (1989): Jugendliche im Gundeldingerquartier. Bewegungsräume - Mobilität - Freizeitverhalten. Geographisches Institut, Basel (unveröffentlicht). Und insbesondere die Doktorarbeit von Verena Meier (1989): Frauen-Leben im Calancatal, Cauco. Diese Arbeit hat mich tief beeindruckt und meine Idee geographischen Forschens massgeblich geprägt.

zuerst einmal fremd. Erfasst werden kann sie aber mittels kommunikativer Interaktion. Und zwar, weil:

"a) die gesellschaftliche Wirklichkeit durch sprachlich vermittelte Wissensbestände mitkonstituiert ist,
b) soziales Handeln weitgehend als eine implizite oder explizite Kommunikation abläuft, in der Wissensbestände zur Anwendung gelangen und Situationsdefinitionen entwickelt werden, und dass
c) deshalb wichtige Teilbereiche des soziologischen Forschungshandelns als kommunikativ-wissenssoziologische Feldforschung angesehen werden müssen." (SCHÜTZE et al. 1980, S. 433).

Kommunikative Methoden müssen sich an die Regeln der alltagsweltlichen Kommunikation anpassen, die die Grundlage der wissenschaftlichen Kommunikation ist. *"Der Forschungsgegenstand, nämlich der alltagsweltlich dahinlebende Mensch, zwingt dem fragenden Sozialforscher seinen Stil der Kommunikation auf, sofern dieser den Objektbereich der Soziologie nicht vergessen, sondern das Denken und Handeln der Menschen so beschreiben will, wie es sich im natürlichen, alltagsweltlichen Interaktionskontext der Gesellschaftsmitglieder abspielt."* (SCHÜTZE et al. 1980, S. 434).

Denken und Handeln sind durch die sozialen, ökonomischen und kulturellen Bedingungen der Herkunft bestimmt, definiert durch das, was Bourdieu "Habitus" nennt, der die Grundlage der Dispositionsmacht ergibt. Die Jugendlichen, deren Lebenswelt ich beschreiben will, haben Denk- und Handlungsmuster, die sie in ihrem jeweiligen Herkunftsland eworben haben, welche sich von meinen unterscheiden. Ihr und mein sprachliches Vermögen war und ist zu gering, um erstens die unterschiedlichen Muster aufzudecken, zweitens diese zu benennen, drittens diese sich gegenseitig so erklärbar zu machen, dass daraus eine gemeinsame Basis begrifflicher und definitorischer Verständlichkeit hätte konstruiert werden können. Daher war es wichtig, im eigenen Denken aufzumachen, Möglichkeiten zu entdecken und zuzulassen. Dies war auch nötig, damit das Machtgefälle in der Kommunikation in dem Sinne: "das Gesagte hat sich an mein Vorstellungsvermögen, meine Begrifflichkeit, meine Wert- und Normhaltungen zu richten", nicht zu stark wird.

Bei der Arbeit mit fremdsprachigen Jugendlichen, die aus anderen gesellschaftlichen Kontexten kommen, in denen sie bereits "sattelfest" sind, stösst Kommunikation, die Handlungsmuster als gemeinsame Verständigungsbasis betrachtet, an ihre Grenzen. So die auf Kommunikation beruhende Methode der teilnehmenden Beobachtung, die sich auf den Handlungsvorgang selbst richtet sowie die verschiedenen Formen von Gesprächen, Rapporten, Interviews, die sich auf die Ergebnisse des Handlungsvorgangs richten. Fehlten Verständigungsmöglichkeiten über die Sprache oder das Wissen über den jeweiligen, z.B. kulturell definierten, Zusammenhang einer Antwort mit dem täglichen Leben, war eine Zusammenarbeit stark eingeschränkt. Dies bezieht sich übrigens auf beide Seiten, beim Fragenden, wie den Befragten, wobei zu betonen ist, dass sich die Rollen sowieso öfters vertauschten. In dieser Untersuchung wurden folgende Methoden angewandt: Tiefeninterviews, Tages- oder Freizeitprotokolle, Streifraumkarten und Zeichnungen, schriftliche Befragungen (Fragebogen), ExpertInneninterviews, Begehungen und Blitzbeobachtungen.

3.2 Untersuchungsgruppen

3.2.1 Die Fremdsprachenklassen

Ich habe in der Einleitung beschrieben, wie sich die Zusammenarbeit mit neuzugezogenen fremdsprachigen Jugendlichen des Klingentalschulhauses herausgebildet hat. Mir schien es für ein Lizentiat sinnvoll, auch um arbeitsökonomisch effizient zu bleiben, die Untersuchungsgruppe den Gegebenheiten einer Institution anzupassen (HARMS et al. 1985, S. 93, GLÖCKLER 1988). Im Klingentalschulhaus werden in acht Fremdsprachenklassen (FSK) neuzugezogene fremdsprachige Jugendliche unterrichtet. Sie gehören zur Mittelstufe und sind dem Rektorat II der Sekundarschule unterstellt. Im Frühjahr 1993 wurden 112, elf- bis siebzehnjährige SchülerInnen aus elf Nationen dort unterrichtet. Für eine schriftliche Befragung schien mir diese Zahl ideal.

Nach ersten Absprachen, während denen ich mit den wichtigsten Regeln vertraut gemacht wurde und die nötigen Adressen erhielt, schrieb ich einen Brief an die Schulhausleitung, in dem ich mein Vorhaben erklärte und darum bat, die Untersuchung mit den SchülerInnen der Fremdsprachenklassen machen zu dürfen.[10] Im Klingentalschulhaus stiess ich auf eine interessierte und engagierte Gruppe von LehrerInnen, die meiner Arbeit sehr wohlwollend gegenüberstanden. Im Rahmen eines Vortrages und in verschiedenen Gesprächen erklärte ich meine Arbeit und versuchte, den zuständigen LehrerInnen den Sinn meiner Untersuchung näherzubringen. Ich bat sie, den SchülerInnen diese Informationen weiterzugeben.

3.2.2 Die Real- und Sekundarschulen

Für die schriftliche Befragung musste ich eine "Vergleichsgruppe" mit Jugendlichen derselben Altersstruktur finden, die zu einem grossen Teil aus SchweizerInnen besteht. Die Antworten der in Basel aufgewachsenen Jugendlichen sollten helfen, eine mögliche Differenz der Fragebogenantworten ausleuchten zu können. Diese Vergleichsgruppe fand ich in den Realklassen des Gellertschulhauses. Hier konnte ich mit 74 SchülerInnen die schriftliche Befragung durchführen. Dazu kamen noch zwanzig SekundarschülerInnen des Wasgenringschulhauses. Die Antworten - der schriftlichen Befragung der Real- und SekundarschülerInnen werden in einem eigenen Abschnitt, in Kapitel 5.5, S. 79 - 84 vorgestellt.

---

[10] Drei LehrerInnen bilden die Leitung, an die ich mich wenden konnte. Dies hatte den Vorteil, dass ich nicht über die Rektorate verhandeln musste, ein institutioneller Zwischenschritt also wegfiel. Das Rektorat informierte ich, nachdem ich von der LehrerInnenschaft grünes Licht für die Untersuchung erhalten hatte.

3.2.3 Die Klasse FS 3 des Klingentalschulhauses

Lorena kommt aus Spanien und Antonio aus Italien. Lumturije und Skurthe, zwei Mädchen, und Nimetulla, ein Junge, kommen aus Kosovo-Albanien. Sie sprechen albanisch. Reshat und Florime stammen aus Mazedonien und sprechen ebenfalls albanisch. Hatice ist die einzige Türkin in der Klasse. Die Jungen Özel, Mesut, Ercan, Oktay und Mehmet kommen ebenfalls aus der Türkei. Sie sprechen türkisch. Mehmet ist Kurde, er spricht kurdisch und türkisch. Oktay, Reshat und Skurthe haben letzten Sommer die Klasse gewechselt, dafür ist Krunoslav aus Kroatien dazugekommen. Er spricht kroatisch. Lorena hat im Herbst an die Realschule gewechselt. Florime wurde am 25.12.1993 mit ihrer Familie nach Mazedonien ausgeschafft.

Mit der FS 3 habe ich neben der schriftlichen Befragung, von März bis November 1993, zusammengearbeitet (Tiefeninterviews, Raumbeschriebe, Tagesprotokolle, Zeichnungen, zahllose Gespräche und Beobachtungen). Die Klasse hatte während der Untersuchung zwischen zehn und dreizehn SchülerInnen. Ich habe also nicht bei allen Projekten mit denselben SchülerInnen arbeiten können. Sie waren zum Zeitpunkt der Untersuchung zwischen dreizehn und vierzehn Jahre alt, ungefähr seit zehn bis sechzehn Monaten in der Schweiz wohnhaft und konnten sich mündlich z.T. schon erstaunlich gut ausdrücken. Doch gab es dabei, wie in der schriftlichen Ausdrucksfähigkeit, grosse Unterschiede, denen sich die angewandten Methoden anpassen mussten.

Als Stellvertreter hatte ich die Gelegenheit, die Klasse mehrmals zu unterrichten, und im Juni 1993 war ich als Koch und Hilfsleiter zwei Wochen mit ihr in der Schulkolonie in Brugnasco. Das gute Verhältnis, dass in dieser Zeit zwischen den SchülerInnen und mir entstand, war eine ideale Grundlage für eine fruchtbare Zusammenarbeit, die durch die Hilfe der beiden Lehrerinnen noch gefördert wurde. Die intensive Zusammenarbeit mit der FS 3 wird in der ganzen Arbeit ersichtlich.

3.3 Methoden

3.3.1 Tiefeninterviews

Die Jugendlichen, mit denen ich Tiefeninterviews geführt habe, kommen aus folgenden Ländern: Ahmet, sechzehn Jahre und Kosovo-Albaner.[11] Er kommt aus einem Bauerndorf. Lumturije, die in die FS 3 geht, ist ebenfalls in einem Dorf in Kosovo-Albanien aufgewachsen. Sie ist dreizehn Jahre alt. Hatice ist vierzehn Jahre alt, kommt aus einer kleinen Stadt in der Türkei und geht auch in die FS 3, ebenso wie Lorena, die dreizehnjährige Spanierin. Sie stammt aus einem Dorf in der Nähe von La Coruna in Galizien. Lorena und Hatice haben eine Zeichnung von ihrem Dorf gemacht (siehe S. 126-127). Arzu ist siebzehn Jahre alt. Sie kommt aus einem Dorf in Kurdistan. Timea ist sechzehn Jahre alt und stammt aus Budapest in Ungarn. Andrzei ist sechzehn Jahre alt und Pole. Er kommt aus Warschau. Gleich zu Beginn unseres ersten Gesprächs meinte er: *"Ich heisse Andrzei, aber hier nennen mich alle Andreas, weil Andrzei ist ein bisschen kompliziert zu wiederholen."*

Die Interviews sollten einen tieferen Einblick in das Leben der Jugendlichen zulassen und ihnen die Möglichkeit geben, selber zu Wort zu kommen. Die Gespräche fanden zum Teil in der Kolonie in Brugnasco, in der Schule, bei den Jugendlichen oder bei mir zu Hause statt.[12] Die Tiefeninterviews dauerten zwischen dreiviertel und zwei Stunden und wurden auf Tonband aufgenommen. Ich habe sie anschliessend transkribiert. Es ist jedesmal von neuem erstaunlich, wieviel Energie und Zeit die direkten Gespräche und ihre Verarbeitung brauchen. Aber erst diese Gespräche konnten das Gerüst der quantitativen Daten aus der Fragebogenaktion mit Inhalten füllen. Sie sind für eine Arbeit, die sich mit den Lebenssituationen bestimmter Bevölkerungsgruppen auseinandersetzt, unabdingbar. Es war deshalb von vornherein klar, dass dieser Methode sehr viel Zeit im Untersuchungsablauf beizumessen war. Der Interviewleitfaden, der als Gedächtnisstütze diente, dem Gespräch aber immer freien Lauf lassen sollte, ist auf S. 144 - 146 aufgeführt.

Die Vorbereitung zu den Gesprächen warf viele Fragen auf. Das autoritative Machtgefälle, das zwischen den SchülerInnen und mir zweifelsohne bestand, dachte ich zuerst mit "Anbiederungsversuchen" oder persönlichen Einstiegen in die Gespräche verkleinern zu können, in dem Sinne: *"Ich bin einer von euch. Ihr könnt ruhig Vertrauen in mich haben."* Ich merkte bald, dass das unehrlich ist, dass ich mich nicht von meiner speziellen Forschersituation lösen konnte. Die Machtunterschiede blieben, und ich musste Möglichkeiten finden, dies nicht als Nachteil zu empfinden, sondern die Möglichkeiten, die sich daraus ergaben, auszunützen. Um Unterschiede positiv umwandeln zu können, braucht es in erster Linie gegenseitiges Vertrauen. Ich entschied

---

[11] Alter 1993.

[12] Bei den Gesprächen mit Arzu und Timea war ihre damalige Lehrerin anwesend. Besonders beim Gespräch mit Arzu war dies wichtig, da ich alleine mit einer jungen kurdischen Frau, zu der ich in keinem offiziellen Verhältnis stehe, kaum ein Interview hätte machen dürfen.

mich deshalb, die Gespräche und andere auf grösstmögliche Kommunikation angewiesene Methoden (Tagesprotokolle, Zeichnungen) v.a. mit Jugendlichen durchzuführen, die ich persönlich kannte. Das waren in erster Linie die jetzigen und ehemaligen SchülerInnen der FS 3, die mir bereits in langen Gesprächen, z.b. in den Schulkolonien beim Kochen und Helfen, viel über ihr Leben erzählten und denen ich auch nicht mehr fremd war; die vielleicht sogar begriffen haben, was genau ich mache, und die in mir auch eine Vertrauensperson sahen. Dies hat sich als sehr gute Idee erwiesen. Die Gespräche, die ich mit Jugendlichen führte, die ich bereits kannte (mit denen ich auf der Strasse auch ein Gespräch führen würde), waren sehr ergiebig (Lorena, Hatice, Lumturije, Andrzei, Ahmet). Ich führte auch Gespräche mit Jugendlichen, zu denen ich keinen direkten Bezug hatte (Arzu und Timea). Diese Gespräche waren weniger ergiebig, deckten jedoch diese methodischen Mängel sehr schön auf. Dass sie - genau wie die andern Gespräche - trotzdem sehr viel Information enthielten, war eine Folge davon, wie die Gespräche trotz Sprachschwierigkeiten abliefen. Ich musste das Gespräch aktiv leiten und viele Suggestivfragen stellen. Sie waren nötig, um das Gespräch in Gang zu halten. Die Unsicherheit der SchülerInnen gegenüber meinen Fragen konnte so abgebaut werden. Da ich ihnen half, in der neuen Sprache das herauszufinden, was sie sagen wollten, schuf ich eine Basis, in der sie sich besser ausdrücken konnten. Das hiess natürlich, dass ich viel der kommunikativen Leistung erbringen musste. Diese Rücksichtnahme und die Anpassung der Methoden auf die beschränkte sprachliche Ausdrucksfähigkeit bildete einen Hauptaspekt der Arbeit.

Pierre BOURDIEU hat mich durch die Art, wie er seine Feldarbeit beschreibt, bestärkt, dass mit diesem "persönlichen Ansatz" wertvolle Aussagen möglich werden. In seinem Buch "La misère du monde" (1993), hat er mit MitarbeiterInnen in fünfzig Tiefeninterviews das "Soziale Leiden" in Frankreich dargestellt. Die Untersuchung war in keiner Weise repräsentativ. Die InterviewpartnerInnen wurden aufgrund persönlicher Beziehungen ausgewählt. Zu der angewandten Methode sagt er:

"Die Leute haben sehr viel zu sagen, aber niemand will es hören. Wir haben nun versucht, dieses Verdrängte ans Licht zu holen, und zwar mit einer Technik, die scheinbar ganz simpel, in Wirklichkeit aber sehr ausgefeilt ist (Tiefeninterview). Sie gibt den Leuten die Möglichkeit, nicht nur das zu sagen, was sie zu sagen haben, sondern auch das, von dem sie gar nichts wissen. (...) Der Interviewer folgt den Problemen, die die befragte Person beschäftigen, aber zugleich begnügt er sich nicht damit, wie in einer Psychoanalyse, nur dazusein und zuzuhören, sondern er interveniert im Sinne dessen, was der Befragte sagen will. Technisch gesehen ist das ganz einfach: Wenn die Leute einen Satz nicht vollenden, was häufig vorkommt, einen wichtigen Satz, dann sagt man: "Wollten Sie das sagen?", das ist eine solche Möglichkeit. Es ist ganz offensichtlich eine Einmischung, aber eine Einmischung, der eine genaue Kenntnis der Person und ihrer Lebensumstände zugrunde liegt, der Interviewer hat eine Art Vorwissen, das es möglich macht, Hemmungen ausser Kraft zu setzen, so dass die befragte Person nichts mehr verbergen muss. In diesem Augenblick wird der Interviewer zu ihrem Assistenten. (...). Die theoretischen Instrumente, mit denen der Interviewer ausgestattet ist, gestatten es dann in Einzelfällen, das Allgemeine zu erkennen. (...). Der Einzelfall ist kein Einzelfall, was nicht heissen soll, dass die Leute nicht ihre Besonderheiten haben: Das Paradoxe ist gerade, dass man in die Besonderheit eindringen muss, um zum Allgemeinen zu

gelangen. Je mehr man sich auf das Besondere einer Person einlässt, desto eher kommt man zum Allgemeinen." (BOURDIEU 1993, S. 17).

Mit einem Beispiel aus meiner Arbeit möchte ich zeigen, wie das gemeint sein könnte, wenn das Spezielle zum Allgemeinen wird. Im 2. Pre-Test hat ein gläubiges, türkisches Mädchen auf die Frage: "Was gefällt Dir hier nicht?" geantwortet: "Zu Hause bleiben und Diskothek gehen." Diese Aussage, die scheinbar nur für dieses Mädchen zutrifft, zeigt die Spannung, der viele junge türkische Frauen im Alltag ausgesetzt sind, in ihrer ganzen (auch räumlichen) Breite auf. Gerade in der Arbeit mit Jugendlichen aus verschiedenen Kulturen lohnt es sich nicht, "Generalüberblicke" einholen zu wollen und zu sagen: "Das verhält sich in Basel so!", sondern es ist nötig, die speziellen Lebensumstände zu Wort kommen zu lassen, zu dokumentieren, eben auch, um den Allgemeinheiten hinter den Klischees auf die Spur zu kommen.

Das heisst allerdings, dass in der Arbeit viel Originalmaterial (Zitate, Zeichnungen etc.) aufgeführt wird, das für sich selbst redet oder kontrastiert wird im Sinne einer Möglichkeit, die Spannbreite verschiedener Denkrichtungen aufzuzeigen. An erster Stelle steht deshalb immer, was die Jugendlichen mir in ihren Gesprächen gesagt haben. Ich wollte mich davor hüten, zwar fleissig Interviews zu machen, diese aber nicht mehr anzuschauen und Schlussfolgerungen z.B. nur aus der Literatur zu übernehmen.

3.3.2 Tages- oder Freizeitprotokolle

An fünf Vormittagen, zweimal im Sommer und dreimal im Herbst 1993, wurden die SchülerInnen der FS 3 einzeln befragt, was sie am Vortag nach der Schule gemacht haben. Damit wollte ich herausfinden, was die Jugendlichen, abgesehen von den Aktivitäten, die sie bei der schriftlichen Befragung angegeben hatten, in ihrer Freizeit tun. Vor allem war es so auch möglich, herauszufinden, wo die Jugendlichen waren, wie lange und mit wem. Auf diese Weise liess sich eine normale Tagessituation der Jugendlichen darstellen, die auch helfen sollte, eventuell vorhandene falsche Vorstellungen von einem überaus spektakulären, ereignis- und abenteuerreichen Leben, das Jugendlichen in Anlehnung an die eigene "ach so spannende" Jugend gerne unterstellt wird, zu vermeiden.

Mit dieser Methode konnte ich zwar wenig Spektakuläres, für die Erkenntnisse des Alltags der Jugendlichen jedoch wichtige Informationen sammeln. Auch dabei war es notwendig, sich direkt mit jedem/r SchülerIn persönlich auseinanderzusetzen, sie manchmal speziell zu motivieren und nachzufragen, wenn etwas unklar war. Diese Methode war sehr erfolgreich. Ich hatte den Eindruck, dass die SchülerInnen es zudem selbst spannend fanden, nachzudenken, was sie eigentlich den Tag hindurch machten und zu hören, was ihre MitschülerInnen getan hatten.

3.3.3 Streifraumkarten und Zeichnungen

Mit den SchülerInnen der FS 3 erarbeitete ich auf vervielfältigten Stadtplänen sogenannte Streifraumkarten, auf denen sie in verschiedenen Farben Wohnort, Schulweg, Wohnungen der FreundInnen und Verwandten, Plätze und Strassen, auf denen sie sich gerne bewegen und Orte, die sie nicht gern haben, einzeichneten. Mit diesen Karten, die ich für die Arbeit in Worte gefasst habe, um ihre Aussagekraft zu erhöhen, konnte die Grösse und Gestalt des Bewegungsraumes der einzelnen SchülerInnen mindestens zu einem gewissen Grad nachgezeichnet und mit den Tagesprotokollen und den Angaben aus den Fragebogen verglichen werden.

Das Problem bei der Arbeit mit Karten ist, dass sie nichts über die soziale und kommunikative Wirklichkeit aussagen. Sie taugen weder zur Erklärung noch zur Prognose von Aktivitäten der Jugendlichen (HARD 1988). Die Karten geben nicht den gesamten räumlichen Erfahrungshorizont der SchülerInnen wieder, sondern legen ein Grundmuster dar. Die Jugendlichen erleben in diesem Alter in kurzer Zeit sehr grosse Entwicklungsschritte, die heute gültige Raumbenutzungsaussagen in einem Monat schon wertlos erscheinen lassen. Im Frühling scheiterte der Versuch, mit den SchülerInnen der FS 3 sogenannte "mental maps" von Basel anzufertigen. Neben der intellektuellen Überforderung, die den SchülerInnen jeden Sinn für den Inhalt dieser Aufgabe raubte, weigerten sich die meisten auch standhaft, Basel als Karte darzustellen. Statt dessen zeichneten sie "ihr" Dorf in der Heimat oder "ihre" Strasse hier in Basel. Sehr aufschlussreich waren dagegen die Zeichnungen, die sie für diese Arbeit von dem Haus anfertigten, in dem sie in ihrer Heimat zuletzt gewohnt hatten. Zu den Zeichnungen erfuhr ich in diesen Schulstunden viel über das Leben der SchülerInnen in den Wohnungen, Dörfern und Städten ihrer Heimat (vgl. S. 55, 56 und 126 - 132). Die Zeichnungen brauchte ich, um sie der Wohnsituation der SchülerInnen hier gegenüberzustellen und einen Eindruck von ihrem Platz- und Freiraumangebot in der Heimat zu bekommen. Leider kann im Rahmen dieser Arbeit zuwenig auf die einzelnen Geschichten, die mit den Zeichnungen zu erzählen wären, eingegangen werden. Als Ergänzung zu direkten Gesprächen eignen sich Zeichnungen, deren Anfertigung immer mit "indirekter" Kommunikation verbunden ist, ausgezeichnet, um mehr über das jeweilige Umfeld der Untersuchungsgruppe herauszufinden, was als Schlüssel dienen kann, andere Aussagen richtig zu "verorten".

3.3.4 Schriftliche Befragung

Die schriftliche Befragung diente dazu, von allen Jugendlichen des Klingentalschulhauses Angaben über den Alltag in ihrer Heimat und in Basel zu erhalten. Der Fragebogen enthielt Fragen zu Herkunft, Aufenthalt, Wohn- und Freizeitsituation und zur Raumnutzung. Zu Beginn dieser Arbeit war nicht geplant, einen standardisierten Fragebogen auszuarbeiten und die Resultate EDV-gestützt (SAS) auszuwerten. Ich wollte die wertvolle Zeit, die v.a. die Auswertung eines Fragebogens in Anspruch nimmt, lieber für die direkte Zusammenarbeit nutzen. Es waren aber nirgends Angaben zur Lebenssituation neuzugezogener fremdsprachiger Jugendlicher, die ich hätte übernehmen können, zu finden. Dazu lassen sich Angaben aus der Literatur nur bedingt auf andere Verhältnisse übertragen.

Die Ausarbeitung des Fragebogens war ein langer, schwieriger Prozess, der mich zwang, genau festzulegen, was in der Untersuchung gefragt und was eher vernachlässigt werden konnte. Das grösste Problem blieb dabei die Verständlichkeit. Ich musste auf die verschieden grossen sprachlichen Verständnis- und Ausdrucksfähigkeiten der einzelnen SchülerInnen des Klingentalschulhauses Rücksicht nehmen. Die Fragen mussten deshalb sehr einfach formuliert werden, so dass sie von allen verstanden und beantwortet werden konnten; trotzdem mussten sie Informationen liefern. Abstufungen in der Antwort versuchte ich zu vermeiden, genauso wie Überleitungen zu anderen Fragen ('wenn ja, dann weiter zu Frage 18') oder graphische Darstellungen. Ein nicht zu unterschätzender Vorteil in der einfachen Gestaltung des Fragebogens lag auch darin, dass die Codierung und damit die Auswertung nicht zu anspruchsvoll wurde. Die Gefahr, dass Antworten mit dem 'Ja/Nein' Schema nicht gewichtet werden oder verlorengehen könnten, zog ich einer scheinbaren Genauigkeit durch eine übermässige Diversifizierung der Antwortmöglichkeiten vor. Das Schlimmste, was mir passieren konnte, war, dass die SchülerInnen den Fragebogen nicht ausfüllen konnten. Das galt es zu vermeiden.

Damit alle SchülerInnen dieselben Voraussetzungen hatten, arbeitete ich in erster Linie mit geschlossenen Fragen, die nur angekreuzt werden mussten. Um die Fragen "schliessen" zu können, zeigte sich, wie wichtig es ist, Pre-Tests durchzuführen. Die Pre-Tests machte ich mit zwei FS-Klassen an anderen Schulhäusern. Die Fragebogen wurden in den Fremdsprachenklassen des Klingetalschulhauses (FSK-Klingental) von allen SchülerInnen während einer oder zwei Schulstunden ausgefüllt. Ich erklärte zu Beginn der Befragung ganz genau, wie die Fragen ausgefüllt werden mussten. Der/die LehrerIn und ich waren dabei und halfen, wo es nötig war. Um zu verhindern, dass die einen SchülerInnen mit dem Ausfüllen der Fragebogen bereits fertig waren, während andere noch mittendrin steckten und die "Langsameren" sich deshalb gestresst fühlen könnten, habe ich auf der "letzten Seite" des Fragebogens offene Fragen gestellt, die die "schnelleren" SchülerInnen schriftlich beantworten konnten.[13] Bei dieser Fragebogenaktion zeigte sich für mich, dass auch eine schriftliche Befragung eine enorme Fülle an Nebeninformationen bringen kann. Während der Befragung bin ich mit allen SchülerInnen des Schulhauses in Kontakt gekommen und habe mit den meisten über sie und ihr Leben gesprochen. Sie haben mir Geschichten zu den Fragen erzählt, und ich versuchte zu erklären, was ich mit den Antworten will. Es kam auch vor, dass mit einem/r SchülerIn, der/die die Fragen mangels Deutschkenntnissen nur schlecht verstand, der Fragebogen gemeinsam ausgefüllt wurde, wobei MitschülerInnen dolmetschten und so manchmal richtige Diskussionen über das Leben dieser jungen Leute zustande kamen. Wie konzentriert alle Fragen beantwortet wurden, war erstaunlich und zugleich

---

[13] Deshalb sind diese Antworten nur von einem Teil der SchülerInnen vorhanden (vgl. S. 133 - 143).

ein Hinweis auf die grosse Motivation der SchülerInnen der Fremdsprachenklassen.[14] Insofern muss die Fragebogenaktion als voller Erfolg gewertet werden. Alle 99 Fragebogen konnten ausgewertet werden.

In der Vergleichsgruppe an der Realschule im Gellertschulhaus und in der Sekundarklasse im Wasgenringschulhaus wurden die Fragebogen von den SchülerInnen auch in der Schule, aber selbständig, ausgefüllt. Da ich davon ausging, dass sie keine Verständnisschwierigkeiten hatten, gab ich ihnen auf einem Deckblatt alle nötigen Informationen. Auch von ihnen wurden die Fragebogen sehr korrekt ausgefüllt. Von den 100 verteilten Fragebogen an der Real- und Sekundarschule kamen 96 zurück und nur zwei waren so lustig ausgefüllt, dass ich sie nicht auswerten konnte. Die Auswertung der Antworten des standardisierten Fragebogens erfolgte mit dem SAS-Statistik Programm.[15]

3.3.5 ExpertInneninterviews

Mit folgenden Personen führte ich sogenannte ExpertInneninterviews: Juliane Hennig und Sabine Larghi, Lehrerinnen der FS 3; Edith Stoffel, Lehrerin am Thomas-Platter-Schulhaus und eine der KennerInnen der Situation der Fremdsprachenklassen und ihrer SchülerInnen; Jörg Jermann, Lehrer und Mitglied der Schulhausleitung am Klingentalschulhaus; Silvia Bollhalder, Lehrerin und Konrektorin der Sekundarschule der Stadt Basel, verantwortlich für die Fremdsprachenklassen. Ebenso führte ich mit Nathalie Rebetez und Zeynep Yerdelen - ebenfalls Lehrerinnen am Klingentalschulhaus - längere Gespräche über die Situation der Mädchen in den Fremdsprachenklassen. Diese Gespräche wurden jedoch nicht aufgezeichnet.

Die ExpertInnengespräche, die ich mit LehrerInnen führte, die alle lange professionelle Erfahrung mit neuzugezogenen fremdsprachigen SchülerInnen haben, gaben mir wichtige Hinweise auf Leben und Denken der Jugendlichen, auf spezielle Probleme und komplexe, mir unbekannte Sachverhalte. Mich interessierte, welche Sicht die ExpertInnen bezüglich der Lebenssituation der Jugendlichen haben. Ich erhielt durch diese Gespräche Codes, um meine eigenen Klischees zu entdecken und die Aussagen der SchülerInnen besser aus ihrem soziokulturellen Rahmen auf die in Basel herrschenden Verhältnisse übersetzen zu können. Ich war mir allerdings bewusst, dass die Problemsicht der ExpertInnen nicht zwangsläufig mit der realen Situation übereinstimmen musste.

---

[14] Drei Tage, nachdem ich mit einer Klasse den Fragebogen ausgefüllt hatte, kam im Schulhaus ein Junge auf mich zugerannt und meinte, er hätte da etwas falsch ausgefüllt. Er bekäme doch Taschengeld, hätte aber nicht genau gewusst wieviel, ob ich das nicht noch ändern könnte. Ich konnte, da ich, wie bei den meisten andern, aus den Fragebogen, die einzelnen Jugendlichen wiedererkannte.

[15] Im Anhang (S. 147 - 155) befindet sich die Fassung des Fragebogens der Real- und Sekundarschulen. Dieser Fragebogen unterscheidet sich nur unwesentlich von der Fassung, den die neuzugezogenen fremdsprachigen SchülerInnen ausfüllten. Das Informationsdeckblatt war nur den Fragebogen der Real- und Sekundarklassen beigelegt.

Ich habe nur mit LehrerInnen, nicht aber mit JugendarbeiterInnen, SpielplatzanimatorInnen, dem Jugendamt, dem Schulpsychologischen Dienst oder mit Leuten des Sozialpädagogischen Dienstes der Schulen gesprochen, um den Bezugsrahmen der Arbeit nicht zu stark zu vergrössern. Ich wollte so nah wie möglich an der Situation der SchülerInnen bleiben, in einem Rahmen, in dem ich sie wiedererkennen konnte. Vor den Gesprächen machte ich jeweils Fragelisten, die auf die spezielle Kenntnis oder Funktion der ExpertInnen zugeschnitten waren. Auch die Gespräche mit den ExpertInnen - sie dauerten immer mindestens eine Stunde - nahm ich auf Tonband auf und transkribierte sie zu Hause. Zitate aus den Interviews mit den ExpertInnen erscheinen in der Arbeit, genauso wie die Aussagen der Jugendlichen, um gewisse Sachverhalte zu klären, zu verdeutlichen oder um auf Widersprüche aufmerksam zu machen. Die Gesprächs-ausschnitte sind mit 'Lehrerin' oder 'Lehrer' gekennzeichnet.

3.3.6 Begehungen und Blitzbeobachtungen

In die Arbeit fliessen auch Ausschnitte aus einem persönlichen Beschrieb Kleinbasels und aus Parkbegehungen und Blitzbeobachtungen ein. Ich wollte damit zum einen meine Sicht des Lebensraumes der Jugendlichen darstellen. Zum andern wollte ich beobachten, wie Jugendliche allgemein den städtischen Raum nutzen, was sie in den Parks tun oder auch, wie sich Mädchen und Jungen verhalten. Bei diesen Begehungen konnte ich natürlich nicht wissen, wer von den Jugendlichen, die ich sah und deren Aktivitäten ich beschrieb, jetzt neuzugezogen und fremdsprachig war. Bei den Parkbeschrieben verweilte ich jeweils maximal fünfzehn Minuten in den Anlagen und versuchte, die Anzahl der Jugendlichen und alle Bewegungen überblicksartig aufzunehmen. Bei den Blitzbeobachtungen bin ich die Strassen mit dem Fahrrad jeweils zweimal abgefahren und beobachtete die Vorgänge: wie viele auf der Strasse waren, was sie machten, besondere Vorkommnisse (vgl. MUCHOW 1935). Bei diesen Übungen gab ich mir Mühe, gegenüber den Kindern und Jugendlichen nicht aufzufallen, da sie sonst sofort ihr Verhalten geändert hätten. Jugendliche haben ein enormes Gespür dafür, wenn jemand, den sie nicht kennen, an ihren Aufenthaltsorten auftaucht (HARMS et al. 1985). Bei der "grossen" Quartierbegehung sprach ich auf einem ausgedehnten Spaziergang durch Kleinbasel, dessen Route ich aus den Antworten der Jugendlichen zusammenstellte, meine Sicht des Quartiers auf Band. Aus Platzgründen konnte dieser Beschrieb nur am Rande in die Arbeit eingeflochten werden.

4. SITUATIONEN

4.1 Herkunft der Jugendlichen

Ahmet, Kosovo-Albaner, 16 Jahre:
Sprichst du lieber Hochdeutsch? Ja, aber ich mache auch Fehler. *Kannst du einmal sagen, wer du bist und woher du kommst?* Ich bin der Ahmet und komme aus Ex-Jugoslawien. *Wo in Ex-Jugoslawien?* Aus dem Kosovo, an der Grenze von Mazedonien und Serbien. *Und wie lange lebst du jetzt schon in Basel?* In Basel lebe ich schon drei Jahre und zwei Monate. *Und haben deine Eltern schon länger hier gelebt?* Also, mein Vater schon seit zwölf Jahren. *Und deine Mutter ist mit dir gekommen?* Ja. *Wie sah der Ort aus, in dem du im Kosovo gewohnt hast?* Es ist ein zweistöckiges Haus mit Garten und landwirtschaftlichen Anlagen, ein Bauernhof im Dorf. Rechts und links neben unserem Haus wohnen je noch zwei Onkel, die auch landwirtschaftliche Kleinbetriebe haben. Zum Haus gehören ein Stall für Kühe, eine Garage für das Auto, eine Schreinerei, eine Scheune für Mais und Weizen, eine Toreinfahrt, die auf den geteerten Vorplatz führt, und daneben noch eine Scheune für Stroh und Heu. Die ganze Verwandtschaft war beisammen. Alle haben die gleichen Häuser. *Warum ist dein Vater eigentlich in die Schweiz gegangen?* Also, zuerst ist er nur für zwei, drei Jahre gegangen und dann blieb er hier. *Konnte er dort nichts mehr verdienen, weisst du das noch?* Ich weiss nicht. *Und wie war das für dich, ohne Vater aufzuwachsen?* Hm ...? *Ist er euch viel besuchen gekommen?* Zwei-, dreimal pro Jahr. Und immer, wenn die Zeit da war, dass er kam, freute ich mich sehr. Er brachte mir so Sachen, Spielzeug.

Die Herkunft der SchülerInnen, mit denen ich Tiefeninterviews geführt habe, und der SchülerInnen der FS 3 habe ich in Kapitel 3.2.3 und 3.3.1 beschrieben. Sie ist ein Abbild der Herkunft aller SchülerInnen der FSK-Klingental. 80% aller befragten neuzugezogenen Jugendlichen kommen aus dem ehemaligen Jugoslawien und der Türkei (44% kommen aus Ex-Jugoslawien und 35% aus der Türkei, Stand 15.9.93). Die Einteilung der Jugendlichen, die aus dem ehemaligen Jugoslawien kommen, in die verschiedenen "neuen" Länder ist nicht einfach, da sie selber oft ihr Heimatland mit "Jugoslawien" bezeichnen und nicht mit Serbien, (Kosovo), Mazedonien, Kroatien oder Bosnien-Herzegowina. Ich werde im Verlaufe der Arbeit versuchen, auf die einzelnen Regionen und Länder einzugehen. Dies ist aber nicht immer möglich, und meistens blieb mir nichts anderes übrig, als Ex-Jugoslawien als eine Einheit aufzufassen. Dasselbe Problem stellt sich bei den türkischen Staatsangehörigen, die aus kurdischen Gebieten kommen und Kurdistan als ihre eigentliche Heimat bezeichnen. Auch hier konnte eine Unterscheidung nicht genau vorgenommen werden. In der Untersuchung gaben drei Jugendliche an, dass sie KurdInnen seien. Der Prozentsatz liegt aber sicher höher. Ein Hinweis darauf ist, dass neun fremdsprachige Jugendliche angaben, Alawiten zu sein. *"Einer in der Türkei unterdrückten islamischen Religionsgemeinschaft, zu der sich in der Schweiz die Mehrheit der Kurden und Kurdinnen bekennt."* (SUTER 1993, S. 42).

Bedeutend weniger SchülerInnen kommen aus den süd- und westmediterranen Ländern Europas. Kinder von Eltern aus Italien, Spanien und Portugal kommen, wenn sie nicht schon seit der Geburt hier leben und demnach zur sogenannten 2. AusländerInnen-Generation gehören, sehr oft schon im Vorschulalter in die Schweiz. Aus Aussereuropa stammen sechs SchülerInnen (je ein Mädchen aus dem Irak und der Elfenbeinküste, drei Jungen aus Sri Lanka und einer aus Indien; vgl. Tab. 1, S. 115).

Ahmet:
Und wie ist das für dich? Dort hast du in einem Dorf gelebt und hier lebst du in einer Stadt? Ja, als ich herkam, nach Basel, das fand ich gut, vom Land in die Stadt zu kommen, das fand ich nicht schlecht. *Hast du dabei nicht das Land vermisst, die Natur?* Doch ein bisschen schon. *Am Anfang, hattest du kein Heimweh, als du hierhergekommen bist?* Doch ein bisschen schon, zuerst fanden wir es aber lustig, zwei, drei Monate. Aber dann wurde es immer schwieriger. *Was wurde dann schwierig?* Z.B. die Freunde und die Zeit.

60% aller befragten SchülerInnen gaben an, dass sie in ihrer Heimat zuletzt in einem Dorf gelebt hatten. Das kann das abgelegene kurdische Dorf sein, wo es weder fliessendes Wasser noch geteerte Strassen gibt und die Jungen z.b. als Hirten und die Mädchen im Haus und Hof schon voll in den agrarischen Erwerbsprozess eingegliedert sind, oder das eher modern geprägte Bauerndorf im Kosovo, in dem die meisten Leute neben ihrem Beruf noch einen Agrarbetrieb besitzen, oder das Dorf in Spanien, das bereits zum Einzugsgebiet einer industriellen Hafenstadt gehört. Wie gross der Bruch ist, wenn die Jugendlichen aus den meist traditionell orientierten Dörfern in eine hochentwickelte, monetär und arbeitsteilig ausgerichtete Stadt in Mitteleuropa kommen, sollte sich im Verlaufe der Arbeit immer wieder zeigen. Vielen Jugendlichen gefällt es erst einmal unheimlich gut in der Stadt, in der alles so neu ist und in der es Sachen gibt, von denen "Jugendliche vom Land" nur träumen können. Doch auch die Verwirrung ist gross. Sie wird am Anfang jedoch weitgehend verdrängt oder kann mangels "Kommunikationsmöglichkeit" mit der Stadt nicht zum Ausbruch kommen. Aber auch die 39% der SchülerInnen, die angaben, dass sie aus einem wie auch immer gearteten städtischen Umfeld kommen, treffen hier auf neue städtische Lebensmuster (z.B. einkaufen in einem Supermarkt und nicht mehr auf dem lokalen städtischen Markt).

4.2 Alter und Geschlecht

Die befragten Jugendlichen des Klingentalschulhauses sind zwischen elf und siebzehn Jahren alt. Die Altersverteilung ist ziemlich ausgeglichen. Dies hat den Vorteil, dass die Antworten der Jüngeren (bis vierzehn Jahre) und der Älteren etwa gleich gewichtet werden können. Den 43 befragten neuzugezogenen fremdsprachigen Mädchen stehen 56 Jungen gegenüber (vgl. Tab. 2, 3 und 4, S. 116). Der Anteil der Jungen nimmt ab fünfzehn Jahren im Verhältnis zu den Mädchen stark zu. Die türkischen Jungen bilden die grösste nationenspezifische Einheit der befragten neuzugezogenen SchülerInnen. Besonders aus der Türkei werden mehr Jungen in die Schweiz nachgeholt als Mädchen. Auf 24 türkische Jungen kommen zwölf türkische Mädchen. Türkische

Mädchen ab fünfzehn Jahren emigrieren weniger oft, was als Ausdruck der patriarchalen Strukturen in der Türkei gewertet werden muss, wo auf eine Schul- und Berufsbildung der Mädchen allgemein weniger Gewicht gelegt wird. Bei den SchülerInnen aus Ex-Jugoslawien ist die Verteilung zwischen Mädchen und Jungen ausgeglichen. Neunzehn Mädchen aus Ex-Jugoslawien stehen zwanzig Jungen gegenüber. Die Verteilung innerhalb der verschiedenen Republiken und Länder ist praktisch ausgeglichen.

4.3 Kulturwechsel

Lehrer:
> Die Probleme liegen am dichtesten bei den Mädchen und bei der Auseinandersetzung der Mädchen mit ihrer Heimatkultur im Elternhaus, im Basler Haushalt. Die Mütter sind aus ihrer Situation heraus oftmals traditioneller orientiert als die Väter. Die Väter sind mit den hiesigen Verhältnissen durch den Beruf besser vertraut. Die Mütter sind oft gezwungenermassen in Basel. Sie konnten nicht frei entscheiden, hierher zu kommen. Auch aus diesem Aspekt, so scheint mir, leiden die Mädchen am meisten unter diesem Kulturbruch oder -schock. Den Jungen kommt das patriarchale System, das in den meisten Heimatländern herrscht, auch hier entgegen. Auch in der Schweiz haben es die Jungen leichter.

4.3.1 Migrationsgründe

Ahmet:
> *Warum bist du eigentlich in die Schweiz gekommen?* Also, dort wusste ich nicht, was ich machen sollte. Die Schulen sind geschlossen worden und dann beschloss mein Vater, dass ich in die Schweiz kommen soll. Wenn man dort die Prüfung für das Gymnasium nicht schafft, dann kannst du nicht mehr in die Schule.

Hatice, Türkin, 14 Jahre:
> *Hatice, warum bist du überhaupt in die Schweiz gekommen?* Weil mein Vater will, ich arbeite hier. In der Türkei muss ich heiraten, wenn ich 15 Jahre alt bin. Mein Vater will das nicht und darum hat er mich hierher gebracht. Und er will, ich lese und gehe bis zur Universität. *Dein Vater will nicht, dass du mit 15 heiratest, sondern dass du etwas lernst?* Ja, wenn ich in der Türkei bleibe, kann ich nicht bis zur Universität gehen, nur bis zur Fünften, fertig. Dann musst du nach Hause kommen *(zu Hause bleiben)* und ich weiss nicht, bist du 15 Jahre alt, musst du heiraten.

Andrzej, Pole, 15 Jahre:
> *Warum seid ihr hierhergekommen?* Geschäftlich, die Firma, in der meine Mutter in Polen gearbeitet hat, hat eine Niederlassung aufgemacht in der Schweiz und meine Mutter ist einfach geschickt worden und wir sind halt mitgegangen. *Die ganze Familie?* Also, der Vater ist jetzt wieder in Polen. Er fühlte sich hier nicht wohl.

Timea, Ungarin, 16 Jahre:
Warum bist du eigentlich in die Schweiz gekommen? Ach, also meine Eltern sind hier verheiratet. Und ich weiss nicht, einfach so.

Arzu, Kurdin, 17 Jahre:
Warum bist du in die Schweiz gekommen? Meine Eltern sind hier und ich musste auch kommen.

Lumturije, Kosovo-Albanerin, 13 Jahre:
Erzähl einmal, warum du in die Schweiz gekommen bist? Weil mein Vater hat gesagt, wenn meine Mutter kommt, ich will auch meine Kinder hier haben.

Die Jugendlichen konnten in den wenigsten Fällen selber entscheiden, ob sie in die Schweiz kommen wollten oder nicht. Die Migrationsgründe der Eltern der befragten Jugendlichen sind vielfältig, oft durch strukturelle oder individuelle Armut erzwungen. Wobei die meisten Väter aus wirtschaftlichen Gründen (Sparen, Zukunftssicherung, Not), die Mütter eher aus familiären Gründen (Ehepartner- und Familiennachzug) emigriert sein dürften (DEWRAN 1989, S. 92-94). Die Migrationsgründe der Jugendlichen beschreibt STOFFEL (1989) folgendermassen: Der Wunsch der Eltern, ihre Kinder bei sich zu haben. Der Wunsch der Kinder, bei den Eltern zu sein. Kränklichkeit oder Tod der Grosseltern, bei denen die Kinder aufgewachsen sind. Hoffnung auf bessere Schulbildung, resp. Weiterbildungsmöglichkeiten für die Kinder. Absicht älterer Jugendlicher in der Schweiz zu arbeiten und Geld zu verdienen. Wieder anders ist die Situation für die Kinder von AsylantInnen. Sie *"kommen mit ihren Familien hierher und leben in Ungewissheit und Angst, bis ihr Asylgesuch bewilligt oder abgelehnt wird."* (STOFFEL 1989, S. 16). Dasselbe Bild bietet sich für die jugendlichen Flüchtlinge und ihre Familien. Der Anteil der Ex-JugoslawInnen nimmt zur Zeit wegen der dort herrschenden Kriege und Krisen kontinuierlich zu. Die Väter aus den Kriegs- und Krisengebieten, die hier arbeiten, holen vermehrt ihre Familien in die Schweiz, um sie vor dem Krieg zu schützen, aber auch, um den Kindern überhaupt eine Schulbildung zu ermöglichen.[16]

Die SchülerInnenzahlen der letzten zehn Jahre spiegeln immer auch ein Stück weit die bestehenden Krisen wieder. *"Welches auch immer die Gründe (für die Migration) sein mögen: für alle Kinder ist die Migration ein einschneidendes Erlebnis, das mit tiefem Schmerz oder freudiger Erwartung, manchmal auch mit beidem verbunden ist."* (STOFFEL 1989, S. 17).

---

[16] In Kosovo-Albanien ist die Lage für die albanisch sprechende Bevölkerung sehr schlecht. Seit Jahren ist Schulunterricht in albanischer Sprache nur noch in privat organisierten Schulen möglich, da die serbische Regierung die Sprache und die Kultur systematisch unterdrückt, was einen letzten Höhepunkt in der seit Anfang November 1993 angelaufenen kontinuierlichen Verbrennung von albanischsprachigen Zeitungen und Büchern gefunden hat. Ganze Bibliotheken und Universitäten werden von der albanischen Sprache gesäubert. In Mazedonien ist die Lage, besonders auch wegen dem Wirtschaftsembargos, vorläufig "nur" wirtschaftlich angespannt. Wie unerträglich die Situation in Teilen Kroatiens und Bosniens ist, braucht an dieser Stelle nicht geschildert zu werden. Vor rund 60 Jahren nahm in einem anderen Land Europas ebenfalls eine rassistische, faschistisch-nationalistische Politik in Bücherverbrennungen ihren Anfang. Auch dahin schickten wir die Menschen zurück, erklärten ihren Aufenthalt hier als illegal. Die Schweiz scheint bis heute nichts daraus gelernt zu haben.

4.3.2 Abreise

Lorena, Spanierin, 13 Jahre:
Ich wollte nicht nach Basel, aber mein Bruder wollte gehen. Ich habe gesagt: "Und dann, was mache ich dort? Ich verstehe nichts, habe keine Freundinnen. Ich will hier in der Schule bleiben." Die Eltern haben gesagt, wenn du willst, komm mit nach Basel, aber du musst nicht, und mein Bruder hat gesagt, wenn du hierbleibst, bleibe ich auch. Und ich bin dann gegangen, und jetzt kann ich ein bisschen Deutsch, und es geht schon besser. Meine Freundinnen haben gesagt, bitte geh nicht. Ich möchte auch wieder zurückgehen. Aber hier etwas lernen, zuerst. Hier ist es auch schön, aber es zieht mich zurück. Dort ist meine Heimat. Gerade jetzt ist meine Schwester hier und geht zurück und dann sage ich, ich will auch zurückgehen nach Spanien.

Andrzei:
Wie war das für dich damals, wegzugehen aus Polen? Ja, ich habe mich jedenfalls gefreut, dass ich in ein anderes Land komme, eine neue Sprache lerne, aber andererseits dachte ich, es wird alles anders. *War es schwierig von deinen Freunden wegzugehen?* Ein bisschen schon, also v.a. am Anfang nicht, aber jetzt fehlen sie mir. *Am Anfang nicht?* Ein bisschen schon, aber einmal im Jahr bin ich ja zu Hause, so in den Sommerferien, ein paar Tage. *Warst du jetzt diesen Sommer in den Ferien in Polen?* Ja, mhm, also zuerst ging es nach Warschau, nach Hause für ein paar Tage und dann an die Ostsee. *Und wie war das, die Freunde wiederzusehen?* Nett, aber es sind nicht alle gewesen. *Und dann wieder hierherzukommen, wie war das? Hast du nicht immer Heimweh?* Ein bisschen schon, ich fühle mich hier nicht ganz wohl, aber in Polen auch nicht mehr. Das ist irgendwie merkwürdig.

Ahmet:
Kannst du dich noch erinnern, wie das war, als dein Vater gesagt hat, du sollst in die Schweiz kommen? War das schwierig für dich? Nein, am Anfang vielleicht nicht so, aber als ich nach einem Jahr in die Ferien ging, nach Hause, dann war es schwer. *Kannst du das ein bisschen beschreiben, wie das war?* Also, ich wusste überhaupt nicht, dass wir in die Ferien gehen. Das war im März, als wir zwei Wochen Ferien hatten. Dann, an einem Abend sagte mein Vater, dass wir nach Kosovo fahren und dann konnte ich zwei oder drei Nächte nicht schlafen, vor Aufregung. Und dann dort fand ich es lustig, und es war schwer zurückzukehren. *Du hast da alle deine Freunde und Freundinnen wiedergetroffen?* Ja, alle Freunde und Freundinnen, dann Verwandte und alle. *Und jetzt diesen Sommer, warst du auch wieder in Jugoslawien?* Ja, vier Wochen lang, und es war ein bisschen heiss, aber ich fand es trotzdem gut. Ich telefoniere fast jede Woche einmal. Einmal zu denen und dann zu anderen Jungen und so. *Möchtest du wieder einmal zurückkehren?* Ja, hoffentlich.

Timea:
Wie war das, als du vor zwei Jahren hier in die Schweiz gekommen bist? Kannst du dich noch erinnern? Ja, war ein bisschen schlimm. Besonders der Sommer. *Warum?* Ohne Freunde und so.

Arzu:
Und wie war das, als deine Eltern gesagt haben, kommt jetzt auch? Hast du dich da gefreut? Ja, ein bisschen, ja. *Kannst du mir erzählen, wie das war, als es geheissen hat, Arzu du kommst jetzt auch in die Schweiz? Was hast du da gedacht?* Nichts. *Was haben deine Freundinnen dazu gesagt?* Nichts. *War das für dich nicht schwierig, wegzugehen?* Ja. *Und am Anfang als du hier warst, wie war das?* Gut, ja. *Und du hattest kein Heimweh, oder so?* Nein. *Sind dann noch Geschwister mitgekommen?* Ja, *(freudiges Ja)*. *Also die ganze Familie war dann wieder zusammen?* Ja, mhm.

Die FreundInnen zu verlassen fiel sehr vielen Jugendlichen, wie sie selber sagen, bei einer bevorstehenden Abreise am schwersten. Das zeigt, wie wichtig es ist, dass die Jugendlichen hier wieder Freundschaften schliessen können (vgl. Kap. 4.5). Die (meist nicht selbstbestimmte) Migration muss als eines der einschneidendsten Ereignisse im Leben eines Jugendlichen bezeichnet werden (vgl. Kap. 2.2.3).

4.3.3 Ankunft und erste Eindrücke

Hatice:
Hatice, wie war das für dich, die erste Zeit hier in Basel? Für mich so schwer, weil ich kein Deutsch konnte, und ich kenne nichts, und ich musste einen Monat zu Hause bleiben, weil mein Vater arbeitet. Wir weinen, wann können wir zurück. Aber das war vorher, und jetzt denke ich, warum ich mache so dumme Idee? Ich sage meinem Vater, was machen wir hier, immer zu Hause bleiben. In der Türkei war das nicht so. Weil ich kenne die Schweiz nicht so, und ich wollte nicht hierbleiben, und jetzt kenne ich und ich will immer hierbleiben. Hier ist gut. Zuerst ich denke, als ich neu in die Schweiz kam, Schweiz ist Schwein, aber jetzt ist besser. *Zuerst war es schlecht, heisst das?* Ja, ich habe nicht gern, und ich gehe in die Ferien zurück in die Türkei, und ich sehe was es dort hat. Zu Hause hat es kein Wasser, und ich muss tragen, und wenn ich nach Basel komme, ich bin zufrieden. Ich will nicht in Türkei gehen.

Lumturije:
Und wie war das für dich Lumturije, als du in die Schweiz gekommen bist? Hast du da deine Freunde und Freundinnen vermisst? War das schwierig? Ja, war schwierig, weil ich kein Deutsch sprechen konnte. Aber, ich weiss nicht, hier ist noch gut *(besser)*, als in Kosovo.

In der schriftlichen Befragung habe ich die Jugendlichen gefragt, ob sie sich noch erinnern können, was ihnen als erstes in Basel aufgefallen ist. Die folgende Auswahl gibt einen Einblick in die verschiedenen Eindrücke, die die Jugendlichen bei ihrer Ankunft von Basel erhielten (vgl. S. 133-135).
- Die Leute so lieb.
- Die Messe und tamilischer Laden.
- Mir hat gefallen Rhein, Pärke. Zu Hause sind sie kleiner.
- Ich habe zuerst gedacht, sehr schön. Aber jetzt nicht gut. Menschen von hier sind schlecht. Basel ist nicht gut. Nur Sachen sind gut.

- Weil Basel eine schöne Stadt ist. In die Schule ist sehr schön. Die Freundinnen sind sehr gute und die Lehrerinnen sind auch gute.
- Ich bin gestern gegangen in diesen Park. Bäume, alles ist schön.
- Ich habe zuerst alles schön gefunden, aber jetzt ist nicht schön wegen den Hippies.
- Die Fahrräder sind mir als erstes aufgefallen.
- Ich habe die Leute geschaut und der Tram, Bus, die Warenhäuser, die Parks.
- Mir gar nicht gefallen. Gar nichts. (8x)
- Als ich zuerst nach Basel kam, war es für mich sehr schwer, weil ich nicht reden konnte. Dann später hat es mir gut gefallen.
- Barfi, weil es ist fast wie meine Stadt in Spanien.
- Als ich erste Mal nach Basel kam, die Schule ist mir aufgefallen. Die Kleider von die Schülerinnen. Weil in der Türkei ganz anders war. Und die Menschen. Es war alles interessant für mich.
- Es war alles interessant, weil solche Dinge gibt es selten in Jugoslawien. Am meisten die Geschäfte, sie sind so gross und sehr schön.
- Halsweh.
- Museum, Grün 80, und die vielen verschiedenen Kulturen.
- Ich habe kalt gehabt, alles war schön in Paris. Ich habe viel spaziert in Paris und am Abend war ich mit meiner Mutter in Basel.
- Die andere Natur in der Schweiz.
- Ich habe meinen Vater und meine Mutter gesehen.
- Ich bin mit Flugzeug in die Schweiz gekommen. Mein Vater war schon vorher hier. Ich weiss nicht, Schweiz ist schöner als Türkei. Ich liebe Schweiz sehr. Ich bin in die Schweiz zum ersten Mal gekommen, und ich habe meinem Vater gesagt, ich will immer hier bleiben.
- Ich konnte zuerst kein Deutsch. Ich konnte nirgends hingehen. Das erste, was ich gesehen habe, war die Schule.

4.3.4 Identitätsfindung in der neuen Umgebung

Hatice:
Du warst diesen Sommer in der Türkei? Ja, war schlecht, nicht gut. War nicht schön, ja. *Aber als wir im Lager in Brugnasco waren, hast du dich ja total auf die Ferien in der Türkei gefreut?* Ja, das weiss ich und ich war falsch. Jetzt in der Türkei, in meinem Dorf ist nicht gut. Ich kann nicht in dem Dorf bleiben. *Wie sieht das denn so aus, in dem Dorf?* Ist nicht Dorf und ist nicht Stadt. Auf Türkisch gibt es noch einen dritten Namen. Ich weiss nicht, ich konnte nicht spazieren gehen, und ich konnte meine Freundinnen nicht besuchen. *Warum konntest du das nicht?* Weil mein Onkel ist Hoischa *(ein Geistlicher)*, weisst du? Nein. Er ist wie Moschee, weisst du, wie Hoischa, und er lässt mich nicht. Mein Vater hat nichts gesagt, aber er lässt mich nicht. Mein Onkel hat soviel gesagt. Ich konnte keine Hosen anziehen, ich musste mit Rock gehen. Ich musste zu Hause bleiben, immer zu Hause bleiben. Aber wenn ich in Basel bin, kann ich spazieren gehen. Ich gehe zu meinen Freundinnen, so etwas machen. Aber in Türkei geht es nicht. Weil ich kann nicht so. Ich habe nur einen Onkel, der so gemacht hat *(der dies wollte)*. Der andere ist nicht so. Aber mein kleiner Onkel hat gesagt, du kannst nicht so T-Shirt anziehen. Es muss mit langem Arm sein. *Das hat dir nicht mehr gefallen?* Nein, mir gefällt nicht, ich muss in Basel bleiben. *Du möchtest jetzt lieber in Basel bleiben?* Ja, lieber. *Aber vor kurzem wolltest du doch unbedingt wieder zurück in die Türkei?*

Ja. *Ist das für dich jetzt nicht schwierig, wenn du so enttäuscht warst?* Nein, nicht so schwierig. Zu Hause hatte es eben kein Wasser, musst du immer Wasser tragen und putzen den ganzen Tag und haben wir eine Kuh und Hahn und Hühner und die geben soviel Arbeit. Mir gefällt in Basel.

Für die meisten Jugendlichen bildet zum einen die Familie mit den Geschwistern und zum andern die Schule den ersten sozialen Bezugsrahmen in der Schweiz. Die Jugendlichen erleben hier eine Welt, in der sie auf ganz neue Eindrücke stossen, auf neue kulturelle Werte und Muster, die sie anziehen, aber auch bedrohen. Die Anforderungen, die in der fremden Umgebung an sie gestellt werden, sind unverständlich, und es dauert, bis sie die grundlegenden Selbstverständlichkeiten erkannt haben und diese bewerten können. Die neuzugezogenen Jugendlichen entwickeln, die einen schneller, die andern brauchen etwas länger, Bewältigungsformen, die es ihnen ermöglichen, Freiräume zu finden und sich in der neuen Welt durchzusetzen. Nicht alle schaffen dies allerdings, und einige wollen in der neuen Umgebung auch gar nicht ankommen. Sie begreifen den Zustand des Lebens in Basel nicht als Realität, sondern eher als Ausnahme- oder Übergangssituation. Für sie ergibt es keinen Sinn, sich am neuen Ort auf Freundschaften einzulassen, wenn doch die wirklichen FreundInnen in der Heimat warten, mit dem richtigen Leben, den Spielen, Gesprächen, der vertrauten Umgebung, dem Platz, der letzten Sommer mit den anderen zusammen endlich erobert werden konnte, und jetzt treffen sie sich dort - jeden Abend... . Zum Glück gibt es das Telefon. Bei den Älteren der befragten Jugendlichen ist dieser Zustand häufiger anzutreffen als bei den Jüngeren. Ein Auszug aus dem Gespräch mit Ahmet zeigt diese Situation sehr deutlich auf.

Wenn du dir jetzt überlegst, du willst ja noch viele Jahre hier in Basel bleiben, da du noch studieren willst. Kannst du dir auch vorstellen, einmal eine bessere Beziehung zu Basel aufzubauen, vielleicht in einen Verein zu gehen, oder in einen Sportklub? Ich glaube nicht, ich bin nur mit dem Körper hier, mit dem Kopf bin ich gar nicht hier. *Und ist das nicht schwierig für dich mit dem Körper hier zu sein und mit dem Kopf zu Hause?* Doch schon, aber was kann ich machen? *Und zurückgehen willst du nicht?* Nein, jetzt bin ich hier in der Schule, dort kann ich sowieso nicht mehr in die Schule, das will ich jetzt hier fertigmachen. *Ich stelle mir vor, dass es für dich sehr schwierig sein muss, zu sagen, ich fühle mich hier nicht zu Hause.* Ja, ich finde es schwierig, weil wir jetzt elf oder zwölf Monate nicht nach Hause gehen, und wenn, dann gehen wir bloss vier oder fünf Wochen, das ist zuwenig.

Die neuzugezogenen SchülerInnen müssen sich in einer Zeit an eine neue Umgebung anpassen, in der Jugendliche normalerweise dazu übergehen, in der Familie, der Schule, dem Klub oder im Verein, aber auch auf der Strasse oder im Warenhaus den Aktionsradius zu erweitern, bestehende Grenzen anzutasten und aus den bekannten Mustern erste Ausbrechversuche zu unternehmen. In diesen Momenten der Spannung entstehen Konflikte, als Folge davon Abwehrreflexe oder Trotzreaktionen. Für die neuzugezogenen fremdsprachigen Jugendlichen verstärkt sich das Konfliktpotential in dieser Situation durch die Unverständlichkeit der in der Schweiz herrschenden Wertmuster und durch den ständigen Zwang, in oder zwischen zwei Kulturen zu leben (WALZ 1980, S. 122-130 und KAPALKA 1991, S. 42). Wenn dann soziale Kontrolle keinen Sinn ergibt und sich das Gefühl verstärkt, alles tun zu können, weil es auch nichts zu verlieren gibt, z.b. Status oder Renommee, dann ist die Möglichkeit gegeben, dass die SchülerInnen jeden Halt verlieren und von den repressiven Massnahmen überrascht werden. Doch Jugendliche können inner- wie ausserhalb der Familie gegen die divergenten Wertorientierungen angehen und brauchbare Handlungsmuster aufbauen, so dass die schwierigen Umstände der Migration und der Ankunft nicht zu einer Persönlichkeitsdiffusion führen müssen. Anstelle interpersoneller Konflikte und als Reaktion auf die Minderwertigkeit treten oft starke äusserliche Anpassungstendenzen an die materielle Attraktivität der jugendlichen Lebenswelt in den Vordergrund (vgl. dazu auch HAMBURGER/SEUS/WOLTER 1984, WEBER 1989).

In der Schweiz ist es für viele SchülerInnen (v.a. aus Ex-Jugoslawien, der Türkei und Spanien) enorm schwierig, mit den herrschenden Autoritäts-, Droh- und Strafmustern klarzukommen. Die fortdauernden Verwarnungen werden nicht verstanden. Entweder ist etwas möglich oder verboten; dazwischen gibt es nichts. Sehr oft nehmen die Jungen nur männliche Autoritätspersonen ernst und müssen zuerst lernen, z.B. Lehrerinnen zu akzeptieren. Am Beispiel des Verständnisses von Disziplin und Strafe kann dies dargestellt werden. Disziplin und Strafe heisst für viele männliche Jugendliche schlagen, böse sein. Besonders Jungen erzählen immer wieder, wie sie in ihrem Heimatland von den Lehrern geschlagen wurden: *"Ich habe einmal 60, wie heisst das, mit Stock auf die Hand gekriegt. Ja, das war gut, das gab warme Hände im Winter."* Immer kam die Erinnerung, dass sie unter den Schlägen gelitten haben, dies aber die einzige Form der Disziplinierung war, die sie kannten und akzeptierten.

Lehrerin:
Die Jungen, die Moslems sind, sind sich eine sehr strenge Disziplin in der Schule und in der Familie gewohnt. Sie sind bei einem Regelverstoss gewohnt, dass nach der Strafe, dem "Donnerwetter", alles wieder gut ist. Mit unserer Haltung der ständigen kleinen Ermahnungen finden sie sich nicht zurecht. Sie wissen nicht, wo hier die Grenzen sind. Sie kippen dann leicht ins Freche. Sie stossen auch überall an, weil sie scheinbare oder wirkliche Ungerechtigkeiten nicht interpretieren können. Allgemein herrscht bei den fremdsprachigen Kindern auch das Gefühl, dass sich gar niemand für sie interessiert. Sie denken sich dann, das ist sicher, weil ich fremd bin. Die machen das so, weil ich aus der Türkei komme. Der Lehrer hat mich weggeschickt, weil ich Jugoslawe bin. Eine ganz klare Reflexion auf die Herkunft.

4.4 Familie als sozialer Schutzraum

4.4.1 Eltern - Kinder: eine erste Annäherung

Lumturije:
> Mein Vater ist seit zwanzig Jahren hier, und meine Mutter ging auch mehrmals für drei Monate, und dann, zuerst ging die ganze Familie, und nur ich und meine Schwester bleiben sechs Monate in Kosovo.

Lorena:
> Als die Mutter ging, war ich sehr traurig. Ich habe mit meinem Bruder und mit unserer grossen Schwester die letzten zwei Jahre bevor ich in die Schweiz kam, in unserem Haus in Spanien gelebt.

Arzu:
> *Dein Vater, war der schon länger hier?* Ja, fünf oder sechs Jahre. *Und deine Mutter auch?* Meine Mutter etwa vier, nein, fünf Jahre. *Bei wem hast du dann gewohnt in der Türkei?* Bei meiner Grossmutter und mit zwei Brüdern. *Und wie alt bist du jetzt?* Siebzehn Jahre. *Du warst zwölf Jahre, als deine Mutter in die Schweiz ging. Wie war das, als deine Mutter zu deinem Vater in die Schweiz ging?* Ein bisschen schlimm. *Hast du gesagt: Mutter bleib hier?* Ja. *Kannst du mir ein bisschen erzählen wie das war, als deine Mutter gesagt hat, ich gehe in die Schweiz?* Also, sie hat gesagt, ich gehe in die Schweiz. Und wenn ich zwei oder vier Jahre dort bin, ich nehme euch in die Deutschschweiz. Und sie hat zwei Jahre hier gewartet, und dann sind wir gekommen. *Und solange hast du bei deinen Grosseltern gelebt?* Ja. *Und dann haben deine Grosseltern für dich geschaut?* Ja, meine Grossmutter.

Die Familie ist mit Sicherheit einer der wichtigen sozialen Schutzräume der Jugendlichen, in dem sie in der neuen Umgebung in Basel Geborgenheit, Verständnis und ein bekanntes soziales und kulturelles Umfeld finden. Zum andern ist die Situation gerade für neuzugezogene Jugendliche schwierig, da sie oft lange Zeit ohne ihre Eltern oder zumindest ohne ihren Vater bei Verwandten, meist bei Grosseltern oder Tanten und Onkeln, in der Heimat gelebt haben.

Lehrerin:
> In einer Erzählung hat ein Kind geschrieben, dass es der Mutter gar nicht Mutter gesagt hat, sondern Fräulein, weil es dachte, die Tante sei die Mutter.

Die befragten Jugendlichen kommen im Alter zwischen elf und fünfzehn Jahren in die Schweiz, in einer Zeit, in der sich im Leben Heranwachsender normalerweise erste Ablösungsprozesse von den Eltern bemerkbar machen. Sie müssen in dieser Zeit jedoch, wenn nicht zu beiden Elternteilen, so doch in den allermeisten Fällen zum Vater zuerst wieder eine Beziehung aufbauen. Dass dies nicht ohne z.T. massive Konflikte abläuft, ist verständlich. So hat mir z.B. eine

Lehrerin der FSK-Klingental, die ich nach der Adresse eines Schülers fragte, schriftlich mitgeteilt: *"Dieses Kind ist Anfang Sommerferien von seinem Vater nach zwei Jahren Aufenthalt in Basel wieder in die Türkei geschickt worden. Es wurde ihm zu mühsam, sich mit der Pubertät des Sohnes und dessen Schwierigkeiten mit der Stiefmutter auseinanderzusetzen."* Die Gefahr, dass besonders ältere männliche Jugendliche in Basel jeden Bezugsrahmen verlieren, zwischen sechzehn und neunzehn Jahren in ein Loch fallen und buchstäblich auf der Strasse landen, ist keinesfalls zu unterschätzen. Auf der anderen Seite habe ich festgestellt, dass diese Annäherung auch zu einer extremen Bindung und Verherrlichung der Eltern führen kann.

Aus den Tabellen 5 und 6 (S. 117) wird ersichtlich, dass weniger als die Hälfte der Mütter der befragten Jugendlichen gemeinsam mit ihren Kindern in die Schweiz gekommen sind. Ausser bei zwei Jugendlichen sind alle Väter vor ihren Kindern in die Schweiz gekommen. 29 Väter lebten schon vor der Geburt des Kindes in der Schweiz.

4.4.2 Geschwister

Geschwister bieten den neuzugezogenen Jugendlichen Halt und die Möglichkeit, wichtige Auseinandersetzungen zu führen. Sie übernehmen die Funktion von FreundInnen. Dies wurde auch in der schriftlichen Befragung deutlich, in der 35% der befragten Jugendlichen angaben, in der Freizeit mit ihren Geschwistern zu spielen und etwas zu unternehmen. Besonders Mädchen müssen zudem ihre kleineren Geschwister beaufsichtigen. Für türkische Mädchen ist das Spazieren mit dem kleinen Bruder oder der kleinen Schwester oft eine gute Möglichkeit, nach draussen zu kommen und im Park Kolleginnen zu treffen.

Geschwister können für die Jugendlichen, die in die Schweiz kommen, aber auch eine Hürde bedeuten. Besonders dann, wenn sie jünger, aber in der Schweiz aufgewachsen, mit den hiesigen Verhältnissen und der Sprache vertraut sind und den Älteren, aber Neuzugezogenen, durch diesen Umstand im Leben überlegen sind. Nur vier der fremdsprachigen Jugendlichen haben keine Geschwister. 35% haben eine Schwester oder einen Bruder. 38% haben zwei und 23% drei oder vier Geschwister.

4.4.3 Berufssituation der Eltern

Arzu:
Was arbeiten eigentlich deine Eltern? Mein Vater arbeitet in einer Fabrik, und meine Mutter ist arbeitslos, und mein Bruder arbeitet in einer Bäckerei. *Sucht deine Mutter Arbeit?* Ja, sie geht jetzt in die Schule um Deutsch zu lernen.

Timea:
Ja, wir haben zwei Restaurants in Ungarn. Eines in Budapest und das andere am Plattensee. Und sie wollen das dann machen, wenn sie zurückgehen. *Und wer führt die jetzt?* Jetzt ist zu. *Aha, und darum machst du die Ausbildung im Service.* Ja, und mein Bruder als Koch. *Hat er jetzt eine Lehrstelle gefunden?* Ja, im Restaurant St. Jakob. *Und was machen eigentlich deine Eltern hier?* Mein Vater ist Schlosser oder Schoser oder wie heisst das? *Schlosser.* Ja, Schlosser, und meine Mutter arbeitet und kocht für eine alte Frau.

Hatice:
Nur mein Vater arbeitet, und wir sind fünf Personen, und wir schicken auch Geld mit der Post in die Türkei, dort haben wir noch Grossvater und Grossmutter und Onkel, und die wollen auch Geld. Ich weiss nicht, es ist schwer. *Habt ihr zuwenig Geld?* Ja, wir haben zuwenig Geld, mein Vater arbeitet nicht den ganzen Tag, weil sie haben soviele Krise in seiner Fabrik. Ich weiss nicht wie, aber ich will meinem Vater auch helfen. Meine Mutter möchte auch arbeiten, aber ihr Ausweis ist B, sie kann nicht, und wir haben kleine Kinder, sie muss den Haushalt machen. Ja, jetzt will ich arbeiten und meinem Vater helfen. Weil mein Vater arbeitet allein, kommt ganz müde nach Hause, dann bin ich auch traurig. Sicher will ich eine Arbeit. *Du willst arbeiten? Aber dann kannst du ja nicht ans Gymnasium gehen?* Ja, ich kann doch, wenn ich abends zwei oder drei Stunden putze, das will ich.

Die Eltern der fremdsprachigen SchülerInnen arbeiten in erster Linie als HilfsarbeiterInnen oder Aushilfskräfte in den für AusländerInnen vorgesehenen, anstrengenden und oftmals schlechtbezahlten Berufszweigen. Annähernd 80% der Väter der fremdsprachigen Jugendlichen gehen einer Lohnarbeit nach, d.h. mehr als 20% der Väter haben keine Lohnarbeit. Die Gründe, die mir bekannt geworden sind, sind Arbeitslosigkeit oder Arbeitsunfähigkeit durch Invalidität, was bei den Arbeiten, die sie hier verrichten müssen, leider recht häufig vorkommt. Die Männer arbeiten: im Gastgewerbe (17), auf dem Bau, als Gipser oder Maler (17), in der Fabrik (Chemie, Miba, Coop) (9), in einer Auto- oder Spenglerwerkstatt (7), dann aber auch bei den städtischen Betrieben (IWB, Strassenreinigung, Kehrrichtabfuhr) (4), auf dem Bahnhof, bei der SBB oder im Hafen (4), in der Reinigung (2), im Spital oder in anderen, meist Dienstleistungsberufen (10). 60% der Mütter der fremdsprachigen Jugendlichen gehen einer Lohnarbeit nach, obwohl es in den Kulturen, aus denen die Frauen kommen, genauso wie auch immer noch in der Schweiz, nicht üblich ist, dass eine Frau, wenn sie Kinder hat, arbeiten geht. 40% der Mütter gehen keiner Erwerbsarbeit nach. Als Hauptgrund ist sicher die familiäre Belastung, d.h. die Hausarbeit anzugeben. Die Familien der neuzugezogenen Jugendlichen haben oft drei bis vier Kinder. Dazu kommt, dass neben der Schwierigkeit als Ausländerin überhaupt Arbeit zu finden, in der jetzigen angespannten Arbeitsmarktsituation zuerst die Frauen - besonders diejenigen, welche noch nicht lange in der Schweiz leben - ihre Stelle verlieren, resp. keine neue finden (MÄDER et al. 1991). Die Mütter, die einer Lohnarbeit nachgehen, arbeiten in erster Linie in der Reinigung (19) und im Gastgewerbe (9), aber auch in den Bereichen "Textil" (Büglerin, Wäscherin, chem. Reinigung) (4), im Spital (4), im Warenhaus (3) und in der Fabrik (2).

Lehrerin:
Wieso sind die Mütter zu Hause? Bei den Pre-Tests hat mich erstaunt, dass nur wenige arbeiten. Ja, gerade bei den Kurden sind oft die Mütter zu Hause. Bei den moslemischen Familien, auch bei den Familien aus dem Kosovo, denke ich, dass das in der Familienstruktur liegt, die eine ganz genaue Rollenverteilung vorschreibt. Die Frau schaut im Haus, und der Mann vertritt die Familie nach aussen. Diese Rollen werden nicht so leicht aufgegeben, und erst recht nicht, wenn die Familien viele Kinder haben. Für die Frauen ist es oft sehr schwer. Wohnen sie nicht mit Verwandten oder Freunden zusammen, sind sie oft sehr einsam und werden auch schwermütig, nur ist das ein allgemeines Hausfrauen-Syndrom.

Ahmet:
Arbeitet deine Mutter? Nein, also sie ist Hausfrau. Also, ich weiss nicht so, wie es ihr geht. Sie sagt nie etwas so. *Aber du hast nicht das Gefühl, dass sie unglücklich ist?* Nein, also sie geht auch alle fünf Monate so für vier, fünf Wochen nach Hause. *Und dein Vater, gefällt es deinem Vater hier?* (Pause) Das weiss ich nicht, ich glaube schon, keine Ahnung. *Aber er möchte auch wieder zurückgehen?* Ja, ja. *Baut ihr da jetzt etwas auf?* Ja, also jetzt nach dem Winter bauen wir in Jugoslawien ein Haus, ein neues Haus. *Am selben Ort?* Ja.

Die ökonomische Ungleichheit, die in den Ausführungen von BOURDIEU (1983) und ZINNEKKER (1988) als ein Teil der generellen (ökonomischen, sozialen und kulturellen) Chancen- und Statusungleichheit von Einheimischen und aus dem Ausland zugezogenen ArbeiterInnen und ihrer Familien definiert wurde, kann hier also wiedergefunden werden (vgl. Kap. 2). Diese Statusunterschiede übertragen sich auf die Kinder der GastarbeiterInnen und erschweren ihnen auch ganz allgemein einen gleichberechtigten Zugang zum Raum.

4.5 Freunde und Freundinnen: der fehlende Schutzraum

Andrzei:
Und was würdest du sagen: Was ist der grösste Unterschied jetzt in deiner Freizeit, im Gegensatz zur Freizeit in Polen? Dass ich hier meist zu Hause bin und etwas selbst mache, und in Polen bin ich zu Freunden gegangen. *Hast du hier keine Freunde?* Ja, ich habe schon einen, aber mit dem kann ich nicht soviel Interessantes machen. *Dann fehlen dir hier die vielen Freunde, zu denen du hingehen kannst? Und das stört dich hier? Hättest du lieber mehr Freunde hier?* Ja, es stört mich schon ein bisschen. *Was vermisst du hier am meisten?* Ja, vor allem Freunde, aber sonst nein, sonst gefällt es mir eigentlich hier.

Ahmet:
Warum gehst du dann nicht nach draussen unter der Woche, musst du soviel lernen? Also, ich will auch nicht, ich bleibe lieber zu Hause und höre Musik und so, wenn ich frei habe, sonst lerne ich. *Das nimmt mich jetzt wunder, warum du nicht nach draussen gehst? Gefällt es dir hier nicht in Basel?* Nein, eigentlich nicht soviel, es gefällt mir nicht so ganz. *Was stört dich? Hast du eine Ahnung, was das ist, was dich stört?* Die Kollegen, die ich habe, sind nicht hier, und ich habe keine anderen so kennengelernt. *Du vermisst deine Freunde? Und in der Schule, in der Real, hast du da keine Freunde getroffen, die du auch einmal unter der Woche treffen wolltest?* Ja, nein, eigentlich will ich nicht. *Bist du lieber alleine?* Nein, nicht alleine, aber so Kollegen und so habe ich schon, aber Freunde habe ich hier nicht.

Freundschaften sind für Jugendliche ein zentraler Teil ihres Lebens. Wie bereits mehrfach aus den Aussagen der neuzugezogenen fremdsprachigen Jugendlichen herauszulesen war, mussten sie die FreundInnen in der Heimat zurücklassen. Sie sehen sie vielleicht einmal im Jahr und halten sich mit Telefonieren und Schreiben ein wenig auf dem laufenden. Die Trennungen, die vollzogen werden mussten, und die Erinnerungen schmerzen manchmal so stark, dass es am neuen Ort bewusst abgelehnt wird, neue Freundschaften zu knüpfen. Die wirklichen FreundInnen warten zu Hause in der Heimat. Auch die, denen es in der Schweiz schwerfällt neue Freundschaften zu knüpfen, oder die, welche keinen unbeaufsichtigten, ausserschulischen Kontakt zu anderen Jugendlichen haben dürfen und in der Freizeit zu Hause bleiben müssen (z.B. türkische Mädchen), sehnen sich nach FreundInnen und somit oftmals auch nach der Heimat.

Bei der Auswertung der schriftlichen Befragung gaben nur die Hälfte der befragten fremdsprachigen Jugendlichen an, dass sie sich in der Woche vor der Untersuchung in der Freizeit mit FreundInnen getroffen hatten. Für mich war dies eines der eindrücklichsten Ergebnisse der ganzen Untersuchung. Die Hälfte der befragten SchülerInnen trifft innerhalb einer Woche in der Freizeit keine FreundInnen. Dies heisst, dass nur die Hälfte der Jugendlichen über das verfügen, was sie selbst als freundschaftliche Kontakte bezeichnen, und dass die andere Hälfte in dieser Zeit keine FreundInnen getroffen hat. Es gaben mehr Mädchen (56%) an, FreundInnen getroffen zu haben, als Jungen (48%). Das heisst, Jungen haben tendenziell noch weniger freundschaftliche Kontakte als Mädchen (vgl. Tab. 9 und 10, S. 119).

Beim Vergleich der Freizeitaktivitäten der Jugendlichen, denen sie in ihrer Heimat und in Basel nachgehen, wird deutlich, dass der Verlust der FreundInnen sich auch ganz generell auf die Art der bevorzugten Freizeitaktivitäten auswirkt. In Basel fallen die Aktivitäten, die nicht zwingend im FreundInnenkreis gemacht werden müssen, bedeutend stärker ins Gewicht, als in der Heimat (vgl. Tab. 7 und 8, S. 118).

Die vier häufigsten Nennungen (= 50% aller Nennungen) der Freizeitaktivitäten in ihrer Heimat sind:

1. Spielen (41)
2. Spazieren, hinausgehen, in einen Park gehen (36)
3. Ballspiele (Fussball, Basketball, Volleyball) (34)
4. FreundInnen treffen, reden (24)

Die vier häufigsten Nennungen (= 40% aller Nennungen) der Freizeitaktivitäten in der Schweiz sind:

1. Musik hören (82)
2. Fernsehen (79)
3. Im Park spazieren (69)
4. Lesen (63)

Die Freizeitaktivitäten in der Heimat konnten eigentlich nur zusammen mit FreundInnen gemacht werden. Hingegen sind Musik hören, Fernsehen und Lesen Tätigkeiten, die alleine und zu Hause gemacht werden. Den neuzugezogenen fremdsprachigen Jugendlichen fehlen Freunde und Freundinnen. In den Tagesprotokollen und den Tagesabläufen aus den Interviews wird noch einmal ersichtlich, dass ein grosser Teil der neuzugezogenen Jugendlichen ausserhalb der Familie und der Schule einsam ist (vgl. Kap. 5.2).

Diese Situation verstärkt sich für Jugendliche, die keine oder nur sehr junge Geschwister haben und die in Basel über kein verwandtschaftliches Umfeld verfügen. Für die anderen entschärft sich diese Situation, da Verwandte oftmals Peer-Group Funktionen übernehmen können. Für Jugendliche, die aus stärker familiär orientierten Kulturen kommen, in denen die Grossfamilie den sozialen Grundstein bildet und auch einen Teil der Freundschaftsbeziehungen stellt, spielt das Alter bei der Zusammenstellung der Freundschaftsgruppen nicht die bedeutende Rolle wie bei Jugendlichen, die in der Schweiz aufgewachsen sind. HARMS et al. beschreiben diesen Sachverhalt in ihrer Untersuchung folgendermassen: *"Erster wesentlicher Unterschied sei ein grösserer Zusammenhang, der sich bei hohem Anteil an türkischer Wohnbevölkerung entwickelte. Hier bilden sich Banden von Kindern und Jugendlichen, die alle Altersgruppen umfassen - vor allem auch deshalb, weil die älteren türkischen Kinder, auch die Jungen, auf ihre jüngeren Geschwister aufpassen und diese bei ihren Unternehmungen mitnehmen. Ein weiterer wesentlicher Unterschied, der allgemein gesehen wurde, betrifft die türkischen Mädchen. Diese verschwinden mit dem Erreichen des 11./12. Lebensjahres nahezu vollständig aus dem Strassenbild, finden sich nur noch zum Einkaufen oder zusammen mit ihren Müttern auf öffentlichen Strassen und Plätzen."* (1985, S. 135).

Lehrerin:
Was weisst du über ihre Selbstbewertung? Wie sehen sich die Jugendlichen hier in Basel? Wie erleben sie sich selber hier? Ich denke, dass sie als erstes hier die Einsamkeit erleben, den Schmerz der Trennung. Das ist sicher etwas vom Einschneidendsten. Und dann kommt es schon darauf an, wie man ihnen begegnet. Da kann es auseinandergehen. Ich glaube nicht, dass man sagen kann, alle erleben sich so oder so. In dem Moment, in dem sie Freunde haben, sind sie wieder glücklich. Oder wenn sie in der Schule Erfolg haben. Das ist auch ganz wichtig. Es ist noch schwierig, hier jetzt etwas Allgemeines zu sagen.

4.6 Schule als institutioneller Schutzraum

4.6.1 Schule als Ort der Möglichkeiten und Enttäuschungen

Hatice:
Dann hat die Schule begonnen, und wir lernen ein bisschen Deutsch, und ich kann rausgehen in die Migros und vielleicht ein Brot kaufen, das geht.

Ahmet:
War das schwierig am Anfang, hier Freunde zu finden? Ja, und dann hatte ich Probleme mit der Sprache, und das war auch schwierig. *Wann hast du in Basel deine eigenen, ersten Freunde kennengelernt?* In der Schule. *Wie ging das so, am Anfang?* Also, am Anfang hatte ich in der Klasse zwei, drei Serben, also die auch Serbokroatisch konnten, und nach zwei, drei Monaten, als wir schon ein wenig Deutsch konnten, kamen auch Türken und so dazu. Und dann in der Realschule hatte ich mehr Freunde.

Timea:
Und als du hier in die Schweiz gekommen bist, hast du das sofort auch machen können, oder war das am Anfang schwierig? Ja, am Anfang war es ein bisschen schwieriger, aber nachher bin ich hier in die Schule gekommen, und dann das war gut.

Die Schule hat, neben der wichtigen Aufgabe des Spracherwerbs, auch die Aufgabe, den neuzugezogenen SchülerInnen einen Schutzraum zu bieten, in dem sie sich wohlfühlen, entspannen und von dem aus sie das umliegende Territorium entdecken können. In der Schule können die Jugendlichen ihre Probleme loswerden und sagen, was sie bedrückt. Oftmals sind es die LehrerInnen, die die Schwierigkeiten, die aus dem Kulturwechsel entstanden sind, entdecken und mithelfen, diese zu lösen. Die Schule wird zum Treffpunkt, zum Ort, an dem die Jugendlichen ausserhalb von Familie und Verwandtschaft mit Gleichaltrigen zusammenkommen.

In der Schule finden Jugendliche wieder FreundInnen, mit denen sich die Schwierigkeiten der Ankunft leichter verdauen lassen. Sie können ein Sozialgefüge aufbauen, das ihnen auch hilft, ihre Freizeit zu organisieren. Dazu sind die meisten SchülerInnen, besonders in der Anfangsphase, sehr motiviert, etwas zu lernen. Viele sind ja auch in die Schweiz gekommen, um die Schule zu beenden und einen Beruf zu erlernen.

Ahmet:
Was sind deine Pläne? Was hast du vor? Als erstes in die Schule gehen und dann irgend etwas mit Medizin werden und dann zurückgehen, vielleicht, wenn die Situation besser ist. *Die Situation ist jetzt recht schwierig?* Ja. *Also, du bist jetzt zuerst zwei Jahre in der FSK gewesen?* Nein, ein Jahr und dann zwei Jahre Realschule und jetzt in der 5 U, Übergangsklasse oder Überleitungsklasse. *Und dann gehst du ins Gymnasium?* Ja, wenn ich es schaffe. *Du willst Arzt werden?* Ja. *Wie bist du eigentlich auf Arzt gekommen?* Also, zuerst kam die Idee auf Zahnarzt, und dann fragte ich so die Lehrer, die dort sind in Jugoslawien, was ist besser, Zahnarzt oder so ein Arzt für Hals, Nasen, Ohren oder so, und dann haben sie gesagt, dass es sehr viele Zahnärzte gibt, und es wäre besser, wenn ich etwas mit Augen oder so machen könnte.

Hatice:
Ja, wenn ich gut genug bin in der Schule, möchte ich an die Universität gehen und Advokat studieren, aber ich weiss nicht, wie es geht. Die Menschen sagen, du kannst nicht, in Schweiz ist schwer. Wenn du in der Türkei bist, vielleicht geht es da, aber in der Schweiz kannst du nicht an Universität gehen und Advokat werden. Und ich bin auch traurig. Ich will so viel. Ich will lesen. Wenn ich gehe in Türkei, ein Lehrer sagt, du kannst nicht, in der Schweiz du bist ein türkisches Mädchen, wenn du eine Schweizerin wärst, du kannst vielleicht. Und wenn ich in der Schule bin, ist auch gut. Und wenn ich in einem Test eine sechs habe und das meinem Vater zeige, er ist auch fröhlich. Weil er will auch, dass seine Tochter geht auf Universität, weil ich mache das, ich will auf die Universität gehen nur für meinen Vater. *Nicht für dich?* Nein, nur für meinen Vater, nicht für mich. Mein Vater will so sehr, dass seine Tochter geht bis zur Universität. Nur das und eine Arbeit, ich will das geben meinem Vater, dann er ist fröhlich. Ich will nicht spazierengehen, ich will nur, dass sich mein Vater freut, das will ich.

Die grossen Erwartungen, die ImmigrantInnen oftmals an die Schule haben, machen aus der Schule einen Mythos der Befreiung und der Integration. Misserfolg in der Schule bringt Enttäuschungen, unter denen die ganze Familie leidet. *"Die Eltern wissen nicht, wie sie ihren Kindern helfen können, und die Kinder fühlen sich von ihren Eltern im Stich gelassen."* (BOURDIEU 1993, S.18). Kinder mit nur geringer Schulbildung beschützen Eltern vor den Widrigkeiten der modernen Welt: füllen Formulare aus, verhandeln mit Ämtern und vieles mehr. Das gibt einen grossen kulturellen Graben zwischen Eltern und Kindern, der die lebenswichtigen Werthaltungen auseinanderbrechen lässt. Die Chancenungleichheit und die Stigmatisierung durch die definitive Bedeutung der Abschlussdiplome oder -zeugnisse, welche oft die Möglichkeit verweigern, die ökonomischen Grundlagen zu verbessern, führt dazu, *"dass das Schulsystem ein ganz grosser Faktor des sozialen Leidens ist. Im Mittelpunkt von allem steht die Schule. Die Arbeitslosen und die Ärmsten haben alle ein Schuldrama durchlebt. Wer dort gebrochen wurde, leidet sein ganzes Leben darunter, selbst wenn er oberflächlich betrachtet später Erfolg hat."* (BOURDIEU 1993, S. 18).

Die Unmöglichkeit, die Erwartungen zu erfüllen, liegt aber auch am schweizerischen Schulsystem, das zu wenig flexibel auf die Bedürfnisse von neuzugezogenen fremdsprachigen Jugendlichen eingeht und gerade bei Übertritten in Regelklassen zu hohe oder falsche Anforderungen stellt (ALLEMANN-GHIONDA/LUSSO CESSARI 1986, STOFFEL 1989). Die Abnehmerschulen sind nur unzulänglich auf die besonderen Schwierigkeiten vorbereitet.[17] Dies zeigt auch die verhältnismässige Übervertretung der fremdsprachigen SchülerInnen in den schwächeren Schulzügen. *"Alle Lehrer, (...), sind der Meinung, dies entspreche in vielen Fällen eindeutig einer Fehlzuweisung und einer Vergeudung von intellektuellen Ressourcen."* (ALLEMANN-GHIONDA/LUSSO CESSARI 1986, S. 30).

Lehrerin:

Wieviele haben überhaupt die Chance, eine höhere Schulbildung zu machen? Es haben letztes Jahr vielleicht 15 Kinder in ein Gymnasium gewechselt und eine Gruppe von zehn bis zwölf an die Diplommittelschule. Ich habe einmal eine Faustregel aufgestellt, und ich glaube, die stimmt nach wie vor. Ein potentieller Gymnasiast kommt in die Real und ein potentieller Realschüler in die Sekundar und ein potentieller Sekundarschüler bleibt dort oder kommt in die Kleinklassen. Das Kind wird meist aufgrund der fehlenden Deutschkenntnisse eine Schulstufe hinuntergesetzt.

Bei den neuzugezogenen fremdsprachigen Mädchen wirkt sich die herrschende Chancenungleichheit, die auch für in der Schweiz aufgewachsene Mädchen in bezug auf eine berufliche Laufbahn gegeben ist, verstärkt aus. *"Es ist auch heute noch so: Mädchen, die das KV besucht*

---

[17] Lehrer:
Die Fremdsprachenklassen wurden zuerst von allen abgelehnt, und am Schluss blieb es an der Sekundarschule hängen. Das Sek-Rektorat II war das einzige Rektorat, das, weil dort die Not am Grössten war, eine FSK eröffnete. Laut Schulgesetz müsste aber jede andere Schule auch fremdsprachige SchülerInnen speziell schulen. Aber keine andere hat eine Fremdsprachen-Abteilung eröffnet. Weniger intelligent wird mit weniger Sprachkenntnis gleichgesetzt, zusammengeworfen und in der Sekundarschule aufgefangen. Es gibt emotionale und politische Abwehrhaltungen. Niemand will sich mit AusländerInnen die Finger verbrennen. Die Leute sind rassistisch, und es lässt sich kein Wahlfang betreiben, wenn man sagt, ich bin besonders ausländerfreundlich. Deshalb halten sich die Politiker zurück. Die Abnehmerschulen der Oberstufen verschanzen sich hinter Aufnahmeprüfungen. Das ist möglich, weil es keine zentrale steuernde Stelle gibt. Jede Schule macht, was sie will. An der Handelsschule besteht kein/e SchülerIn von uns eine Prüfung, weil sie so hart sind. Sie haben einfach keine Chancen. Im Bäumlihofgymnasium vertrauen sie ganz auf den/die LehrerIn, der/die das Kind anmeldet. Das ist das pure Gegenteil. Da geh ich zum Konrektor und sage, die gehört ins Gymnasium, kann aber ein bisschen zuwenig Deutsch. Ich garantiere, dass sie absolut ins Gymnasium passt. Dann kann sie dort sofort eintreten und kriegt ein halbes bis ein Jahr Probezeit, während der sie speziell gefördert wird und nicht die üblichen Leistungen erbringen muss. Sie kriegt auch eine Begleitung durch eine/n ältere/n SchülerIn. Es ist ein sehr offenes Verhältnis, ohne Aufnahmeprüfung. Die Diplommittelschule hat eine Aufnahmeprüfung, aber dort herrscht immerhin der Gedanke, dass ein gewisser Prozentsatz von FSK-SchülerInnen diese bestehen sollen. So ist es sehr verschieden. Und alle, die diese Hürden nicht schaffen, kommen in den grossen Resttopf, das ist die Berufswahlklasse, die Frauenfachschule oder das Werkjahr. Wenn die Jugendlichen noch nicht 16 Jahre alt sind, müssen diese Schulen sie eigentlich aufnehmen. Wenn sie älter sind, können sie sie dort auch immer wieder rausschiessen. Dann kommen sie auf die Gasse.

haben, werden Sekretärinnen und landen häufig in der beruflichen Sackgasse. Buben dagegen werden Sachbearbeiter und steigen später auf." (STRECH 1993, S. 7). Arzu ging nach der FSK in die Frauenfachschule. Viele junge Frauen aus den Sekundarklassen gehen nach der obligatorischen Schulzeit in diese Schule, weil sie entweder keine Stelle gefunden haben oder noch nicht wissen, was sie machen sollen. Arzu erzählte über die Schule:
Ich will zuerst einen Beruf, ja einen Beruf. *Und hast du da eine Vorstellung was?* Nein. Ich will jetzt zuerst in die Schule gehen. *Wie ist eigentlich der Kontakt zu deinen Mitschülerinnen?* Gut, wir sind alles Türkinnen. Also sechs Türkinnen, zwei Spanisch, eine Italienisch und eine Französisch. *Und dann sprecht ihr immer Türkisch?* Ja, immer türkisch. *Und mit den andern Mädchen hast du da auch Kontakt?* Ja, in der Schule. *War das schwierig, von der Fremdsprachenklasse in eine neue Klasse zu kommen?* Ja, ein bisschen. *Erzähl einmal, wie das so war, der erste Schultag.* Wir haben zuerst eine Prüfung gemacht, am ersten Schultag, um die Klassen aufzuteilen, und am Nachmittag hatten wir Mathematik und Deutsch und Französisch.

Die Aufteilung der Klassen nach der Prüfung sah so aus, dass alle Schweizerinnen in einer Klasse waren und in der anderen alle Ausländerinnen!

Die häufigen Schulwechsel, denen neuzugezogene fremdsprachige Jugendliche in den ersten drei bis vier Jahren ihres Aufenthaltes in der Schweiz ausgesetzt sind, erschweren den Aufbau von stabilen Peer-Groups, resp. behindern auch die Festlegung bekannter Raummuster. Jugendliche, die ausserhalb der Klasse keine FreundInnen haben, verlieren durch Klassenwechsel oft ihr gesamtes Freundesnetz und bleiben alleine. Ein Schulwechsel verlangt vom Jugendlichen *"eine grosse Anpassungsleistung: er muss nahezu immer gleichzeitig eine neue Sprache lernen, sich den Anforderungen einer neuen Umwelt anpassen und neue soziale Beziehungen knüpfen."* (ALLEMANN-GHIONDA/LUSSO CESSARI 1986, S. 43).

4.6.2 Spracherwerb als Schlüssel zur Integration

Ahmet:

Gibt es ein Erlebnis hier in Basel, eine Geschichte aus der Schule oder etwas, von dem du findest, das ist typisch für deine Situation hier? Also in der dritten Real, fand ich sehr schwer, weil ich kein Schweizerdeutsch konnte und alle haben Schweizerdeutsch geredet, und da habe ich sie überhaupt nicht verstanden, und dann fand ich das, so ein halbes Jahr oder sieben Monate, fand ich das sehr schwer.

Wenn die Jugendlichen in die Schweiz kommen, sind sie zuerst einmal sprachlos, ausgeschlossen. Sie können im täglichen Leben auf der Strasse mit niemandem Kontakt aufnehmen, nichts lesen, z.B. wo sie aus dem Tram aussteigen müssen. Dazu kommt die in der Schweiz herrschende Diglossie (Nebeneinander von Schriftsprache und Dialekt). Für die SchülerInnen aus den Fremdsprachenklassen bedeutet der Übertritt in die Regelklasse oft erneute Sprachlosigkeit, da sie Hochdeutsch, aber keinen Dialekt verstehen. Wegen der fehlenden Sprache sind die Jugendlichen ausserhalb der Familie in ihren Bewegungs- und Interaktionsmöglichkeiten sehr eingeschränkt. Die Beherrschung der Landessprache ist der Schlüssel zur Integration von FremdarbeiterInnenkindern im Gastland (KOCH-ARZBERGER 1985). Der Grundgedanke der FSK in Basel basiert auf diesem integrativen Konzept, welches die Eingliederung der neuzugezogenen fremdsprachigen SchülerInnen in die Basler Schulen erleichtern und einen kulturellen Austausch zwischen allen Kindern und Jugendlichen ermöglichen soll (STOFFEL 1989).

Der Spracherwerb bringt, neben den Möglichkeiten der Kommunikation mit KlassenkameradInnen und der Welt ausserhalb von Familie und Schule, auch Verluste und Verwirrung, die v.a. darin bestehen, dass zwischen Heimatsprache und der zu erlernenden Sprache das Bezeichnende vom Bezeichneten abgetrennt worden ist. Die Wörter, in der neu zu lernenden Fremdsprache, haben nicht dieselbe unangefochtene Bedeutung wie Wörter in der Muttersprache. Dazu kommt, dass beim Heranwachsen, in der Muttersprache plötzlich ganze Bereiche von "Erwachsenenerfahrungen" fehlen (HOFFMANN 1993).[18]

4.7 Religion als sozialer Schutzraum

40% der befragten neuzugezogenen Jugendlichen haben einen christlichen Glauben und 50% einen muslimischen (vgl. Tab. 11, S. 120). Die Bedeutung der Religion für die Jugendlichen kann im Rahmen dieser Arbeit nicht schlüssig ermessen werden, muss aber, besonders für Jugendliche mit islamischem Glauben, höher eingestuft werden, als gemeinhin angenommen wird. Bei ihnen hat die kulturelle und soziale Einbindung der Religion einen grossen Stellenwert im täglichen Leben. Da uns der Islam weitgehend fremd ist, fallen uns seine Manifestationen und Handlungsweisen im täglichen Leben sehr stark auf, ihre Bedeutungen bleiben uns aber verborgen. So empfinden wir Lebensbedingungen der Jugendlichen - insbesondere der Mädchen - die sich daraus ergeben, oftmals als exotisch, antiquiert oder ungerecht. Dabei darf aber nie vergessen werden, dass Bedingungen aus der christlichen Religion unser tägliches Leben und die Grundzüge des Umgangs miteinander genauso prägen, was aber nicht mehr bewusst wahrgenommen wird. So lässt sich die katholische Kirche, z.B. in der Haltung gegenüber Frauen, sehr wohl mit dem Islam vergleichen. Die Religion bedeutet für viele muslimische Familien hier eine Stütze, an die sie sich klammern und die ihnen in der fremden, feindlichen und diskriminierenden Umgebung des Gastlandes Halt und Sinnfindung ermöglicht. Ich habe oft gehört und festgestellt, dass islamische Familien hier religiöse Handlungen mitmachen (z.B. den Ramadan), ob-

---

[18] *"Die linguistische Enteignung ist ein ausreichendes Motiv für Gewalt, weil sie der Enteignung des Ich sehr ähnelt. Blinde Wut, hilflose Wut ist eine sprachlose Wut - eine Wut, die einen mit ihrer Dunkelheit überwältigt. Und wenn man dauernd ohne Wörter lebt, wenn man im Zustand der Sprachlosigkeit lebt, ist diese Bedingung an und für sich schon eine Frustration, die zwangsläufig Wut hervorbringt. In meinem New Yorker Appartement höre ich fast jede Nacht Kämpfe, die unten auf der Strasse wie Buschfeuer ausbrechen - und in den sich wiederholenden, immer wütender klingenden Sätzen ("Lass das, Mann, du verfluchter Hund, ich bringe dich um") vernehme ich nicht Genugtuung männlicher Stärke, sondern ein wütendes Toben gegen die Sprachlosigkeit, gegen die Unfähigkeit, sich verständlich zu machen, sich ins rechte Licht zu rücken."* (HOFFMANN 1993, S. 136).

wohl sie das in ihrem Heimatland nie getan haben. Religion ist in diesem Zusammenhang als identitätsstiftendes Moment zu verstehen. Bei Kritik an den täglichen Handlungsweisen, die sich daraus ergeben, sollte meines Erachtens sehr vorsichtig vorgegangen werden (besonders mit Äusserungen, welche Gruppe sich darin wie wohl fühlt), um nicht in einen rassistisch angehauchten Ethnozentrismus zu verfallen.

Was dagegen vehement kritisiert werden muss, sind die patriarchalen Strukturen innerhalb der Religionen und Kulturen, die in ihrer ganzen Machtarroganz weitgehend das tägliche Leben - im christlichen Abendland, wie bei den Moslems oder den Hindus - bestimmen und in erster Linie den Frauen einen gleichberechtigten Zugang zum "Alltag" verunmöglichen.

4.8 Eindrücke aus der Schulkolonie mit der FS 3 in Brugnasco/TI im Juni 1993

Im Rahmen der Schulkolonie mit der FS 3 in Brugnasco/TI führte ich während zwei Wochen, v.a. in der Küche und auf den Wanderungen, viele Gespräche mit den Jugendlichen. Sie haben mir von sich erzählt, von ihren Familien und ihren Ländern. Es sind dabei in erster Linie Eindrücke und Gefühle hängen geblieben, die mir als Schlüssel dienten, um vorhandene und künftige Informationen einzuordnen und zu bewerten.

Ich hatte den Eindruck, dass die meisten Jugendlichen gefühlsmässig den Sinn, warum sie in der Schweiz sind, nicht verstehen. Vordergründig sehen sie ein, dass sie hier wieder als Familie mit ihren Eltern und dem Rest der Familie zusammenleben können. Auch begreifen sie rein pragmatisch, dass es in Kosovo zu gefährlich ist, in Mazedonien keine Zukunft gibt und das Leben in Kurdistan zu riskant ist; dass sie deswegen aber hierher kommen mussten, bewirkt einen Bruch in ihrer subjektiven Wirklichkeit.

Die daraus entstehende Unsicherheit drückte sich in der Kolonie in einer grossen Unselbständigkeit aus; bei den Jungen im Haus wie im Freien, bei den Mädchen v.a. im Aussenraum. Den Mädchen gab die von ihnen vereinnahmte Hausarbeit zumindest im Haus die Möglichkeit, eine Rolle zu spielen und einen Platz zu behaupten. Die Jungen waren zum Teil ziemlich aufgeschmissen und mussten ihren Platz durch Rangkämpfe zuerst klarstellen und immer wieder behaupten. Für alle war das Klassenlager das erste Mal, dass sie zwei Wochen mit anderen Jugendlichen weggingen. Sie kannten die Idee eines Lagers nicht und mussten vieles neu lernen. Das ging beim Packen der Reisetasche los und beim unbekannten Frühstück weiter. Die neue Umgebung war ihnen am Anfang nicht geheuer und der Umgang mit ihr fremd. So hatten einige Angst vor der Natur, andere jagten wie verrückt Schmetterlinge und brachten schönste Sträusse geschützter Pflanzen nach Hause. Der unbekannte Raum wurde sehr marginal genutzt: am Anfang nur, wenn es nicht anders ging. Nichts Neues wurde ausprobiert, von bekannten Wegen nicht abgewichen. Die Angst, sich in eine unbekannte Situation zu bringen, aus der einem z.B. die fehlenden Sprachkenntnisse nicht herausgeholt hätten, sass tief. Es gab keinen Grundkonsens über das richtige Verhalten. Oft war das Auftreten im Raum dann auch geprägt durch ein machtvolles Hinstehen als Kleingruppe. Die drei Türken (ohne Kurde) beispielsweise und die

Mädchen traten meist nur als Kollektiv auf. Und doch gingen alle mit verschiedenen Situationen auch verschieden um.

Die Jungen liessen den Mädchen kaum Raum zum Spielen. Sie vertrieben sie in kürzester Zeit z.B. vom "Töggelikasten". Es war ein ständiges "Sich-Beweisen" und Suchen, wer der Stärkste und Beste war. Die Mädchen mussten sich immer wieder zurückziehen, neu organisieren und Frustrationen wegstecken, weil sie von den Jungen keinen Platz zugesprochen erhielten oder die Jungen zu grob waren. Die Mädchen zogen sich deshalb manchmal bereits präventiv in eine gleichgültige, passive Stimmung zurück. Ein gemeinsames Spielen war so nicht denkbar.

Trotzdem fanden erste zaghafte Annäherungen statt und sei es durch negativ konnotierte Aktionen, besonders mittels des gemeinsamen Fluchens. Sich gegenseitig die schlimmsten Wörter anhängen, war für sie ein Ausdruck der zunehmenden Zuneigung.

Die Jugendlichen haben sich aber selten wirklich aneinander oder an uns gestört. Es war ein unfassbarer Zustand, irgendwie Gleichgültigkeit, irgendwie Unvermögen. Emotional für mich oft unverständlich, als würde für sie alles gar keine Rolle spielen. Es war aber auch ein direkter Hinweis, dass ich dies mit meinen Denkmustern nicht mehr entziffern konnte. Oft erschienen mir die SchülerInnen wie noch nicht angekommen, als wären ihre Seelen noch nicht hier, oder als hätten sie sie bewusst in ihrer Heimat gelassen. Die Kolonie brachte ihnen viele Erfahrungen. Niemand freute sich darauf, nach Basel zurückzugehen. Besonders die Mädchen spürten, dass gerade für diejenigen, die in den Ferien nicht in ihre Heimat fahren konnten, im Sommer eine schwere Zeit mit stark eingeschränkter Bewegungsmöglichkeit kommen würde. Eine Zeit, in welcher der gewohnte Schulalltag mit seinen bekannten Gesichtern und Räumen wegfallen würde.

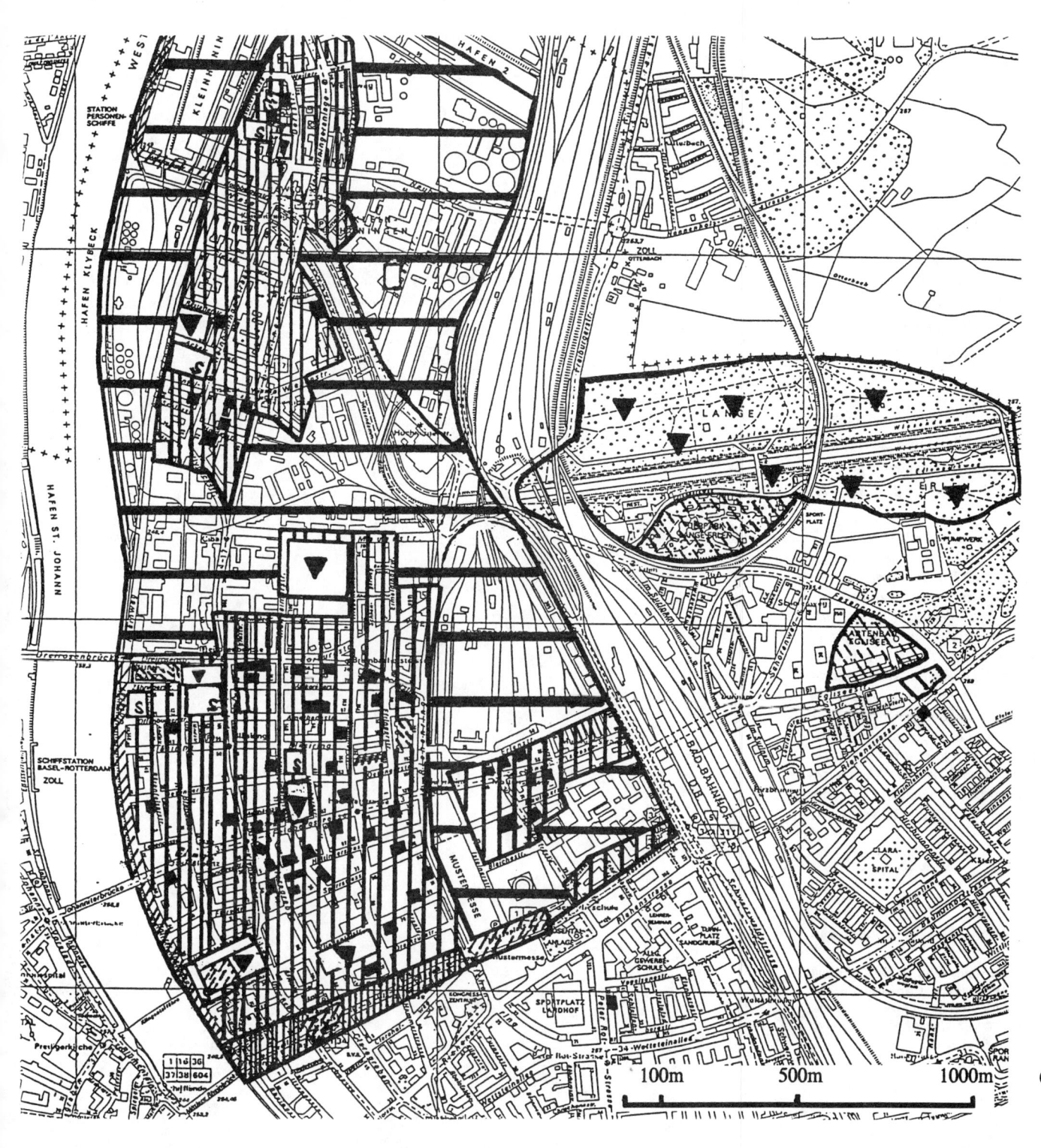

Karte 1

Die Wohnlagen der neuzugezogenen fremdsprachigen Jugendlichen in Kleinbasel und eine Übersicht über die vorherrschenden Nutzungen (Quartiere Kleinhüningen, Klybeck, Matthäus, Rosental) Massstab 1 : 14'300

Quelle: ROSSE 1991, S. 41/125

5. RÄUME - AKTIONEN - ORTE

5.1 Kleinbasel, Wohnort der neuzugezogenen fremdsprachigen Jugendlichen aus dem Klingentalschulhaus

Die Quartiere Kleinbasels gehören zu den typischen Wohngebieten der ausländischen GastarbeiterInnen und ihrer Familien in Basel. 90% der SchülerInnen der Fremdsprachenklassen des Klingentalschulhauses und 45% aller SchülerInnen der Fremdsprachenklassen der Sekundarstufe wohnten 1993 in Kleinbasel (Stand 15.9.93, Postleitzahlen 4057 und 4058). Karte 1 (S. 52) zeigt die Wohnlagen der befragten SchülerInnen des Klingentalschulhauses und gibt einen Überblick über Wohngebiete, Industrie, öffentlich zugängliche und nicht generell zugängliche Grün- und Freiräume in Kleinbasel.[19]

Die Wohnorte der Jugendlichen verteilen sich hauptsächlich auf die Quartiere Kleinhüningen, Klybeck, Matthäus, Rosental und Clara. Diese städtischen Räume haben alle mit denselben Grundproblemen zu kämpfen: hohe bis sehr hohe Bebauungs- und Bevölkerungsdichte, grosse Verkehrsbelastung bei niedrigem Freiflächen- und sehr geringem Grünflächenanteil (vgl. dazu ROSSE 1991, S. 36-52, ROSSE, LÖTSCHER 1990, LÖTSCHER, WINKLER 1984, LASCHINGER, LÖTSCHER 1978).[20]

"Die Quartiere Klybeck und Matthäus weisen beide hohe Bevölkerungsdichten bei gleichzeitig geringer Flächenausstattung auf. Im Matthäus-Quartier wohnen 257 EinwohnerInnen pro Hektare und im Klybeck-Quartier 252 (unter Ausklammerung von 40,1 m² Industriezone pro Person). Wenn man die räumliche Verteilung verschiedener Freiraumtypen übereinanderlagert, so schneidet das untere Kleinbasel besonders schlecht ab (z.B. öffentliche und private Grünflächen, Kinderspielplätze, BFA-Jugendtreffpunkte). Zudem ist die Lebensqualität in diesen Quartieren durch die starken Verkehrsimmissionen beeinträchtigt, und sie wird durch die Nordtangente (grosses Basler Stadtautobahnprojekt) zusätzlich gefährdet. Nicht umsonst werden von der Verwaltung Konzepte entwickelt, die die Verschlechterungen gerade im Bereich der Freiräume kompensieren. Die wichtigsten öffentlichen, grünbestimmten Freiräume im unteren Kleinbasel sind die Langen Erlen, der Horburgpark, die Rosentalanlage, die Claramatte und der Matthäusplatz. Diese bestehenden Grünflächen sind alle verhältnismässig klein. (...). Zweckgebundene öffentliche Freiräume wie Aussen-Sportanlagen oder Kleingartenareale fehlen weitgehend. (...). Die Gesamtbilanz der Freiräume muss als eindeutig unbefriedigend eingestuft werden und Verbesserungsmassnahmen drängen sich auf." (ROSSE 1991, S. 156).

---

[19] Die Achse Mittlere Brücke - Clarastrasse - Rosentalstrasse - Badischer Bahnhof bildet die südliche Grenze des betrachteten Gebietes.

[20] ROSSE (1991) hat für Basel Freiraummangelgebiete berechnet (Freifläche wurde dabei als nicht überbaute Fläche betrachtet). Dazu gehören, neben anderen, die Gebiete Klybeck-Nord, das Matthäus-, Clara- und Rosentalquartier. Der Durchschnittswert der Freifläche pro EinwohnerIn liegt in Basel bei 10,5m². Im Matthäus-Quartier liegt dieser Wert bei 1,7m² pro EinwohnerIn, (S. 39). *"In der Literatur wird als durchschnittlicher Mindestwert 6m² pro EinwohnerIn angegeben."* (S. 41).

Legende zu Karte 1

▯▯▯▯▯ Gebiete mit vorwiegender Wohnnutzung (mit Kleinbetrieben in Hinterhöfen und Dienstleistungsangebot)

▬▬▬ Industriegebiete (Chemische Industrie ["Ciba"], Güterbahnhof und Hafenbereiche, Mustermesse)

▯▯▯▯▯ Citybereiche (Einkaufs- und Dienstleistungsbereich der Kleinbasler Innerstadt)

▼ ▼ öffentlich zugängliche Grünflächen (Parkanlagen)

▨▨ nicht generell öffentlich zugängliche Grünbereiche (unvollständig)

▨▨ öffentlich zugängliche, versiegelte Freiflächen (z.T. in Parkanlagen, unvollständig)

☐ nicht generell öffentlich zugängliche, versiegelte Freiflächen (Schulhausplätze, BFA-Jugendtreffpunkte)

☐S Schulhäuser

■ ■ Wohnorte der Jugendlichen

Der Status der Wohnbereiche im Kleinbasel ist generell gering. Je näher die Wohnungen an den chemischen Anlagen liegen und je weiter sie vom Rhein entfernt sind, desto tiefer ist der Wohnwert. Die SchülerInnen der FS 3 haben für diese Arbeit eine Zeichnung von dem Haus gemacht, in dem sie in ihrer Heimat gelebt haben. Ich möchte an dieser Stelle die Zeichnungen von Mesut, Mehmet und Florime vorstellen. Florime und Mesut wohnen in Basel an der Horburgstrasse.[21] Mehmet wohnt ganz in der Nähe an der Brombacherstrasse. Beide Strassen zählen zu den meistbefahrenen in Basel, die Wohnlagen haben eine sehr hohe Immissionsbelastung und die Gegend um die Strassen einen niederen Status. Die erste Zeichnung zeigt das Haus von Mesut (S. 55). Er lebte in der Türkei mit seiner Grossmutter in einem kleinen Haus unterhalb des Dorfes, neben einem Wald. Um das Haus herum hat es einen Garten mit Mandel-, Feigen- und Aprikosenbäumen. Florime wohnt jetzt wieder mit weiteren sieben Personen in einem Dorf in Mazedonien, in einem zweistöckigen Haus mit Garten. Mehmet (S. 56) ist in einem Dorf in Kurdistan aufgewachsen. In diesem Dorf leben in erster Linie Bauern, die Ackerbau betreiben und viele Schafe haben. Abwechslungsweise ist immer ein Junge des Dorfes bei den Schafen und hütet diese. Mehmet erzählte, dass er tage- und wochenlang mit den Schafen in den Bergen herumgezogen ist. Er beschrieb sein Haus und das Dorf folgendermassen:

"Das Haus hat insgesamt acht Zimmer. In einem Zimmer wohnt mein Bruder und seine Frau, in einem Zimmer mein Grossvater, meine Mutter und ich. In meinem Dorf hat es etwa 200 Häuser und 1000 Leute, drei Busse, ein Auto, 20 Pferde, 200 Schafe, zwei Mofas, vier Fahrräder, ein Lebensmittelladen und ein Restaurant."[22]

Immer wieder, wenn ich durch das Quartier spaziere, den Lastwagenstau und den Lärm an der Horburgstrasse erlebe, frage ich mich, was wohl in Mehmet vorgegangen ist, als er hier zum ersten Mal an der Brombacherstrasse von der Wohnung herab auf die Lastwagenkolonne geschaut hat? Ich habe während der ganzen Arbeit trotzdem nur sehr selten gehört, dass sich die Jugendlichen am Verkehr oder an der schlechten Wohnlage gestört haben (obwohl viele eine andere Wohnung suchen). Es hiess dann immer: *"Nein, der Verkehr stört nicht, ich schlafe hinten raus."* Und als ich Mesut einmal fragte, ob er es nicht mühsam findet, wenn er in Basel an der Horburgstrasse nicht einfach aus dem Haus in den Wald rennen kann, sondern immer auf die Autos aufpassen muss, meinte er nur: *"Nein, warum? Ich kann in den Park gehen."* Die Jugendlichen wohnen in Basel in Quartieren, in denen die räumlichen Belastungen die bereits vorhandenen Erschwernisse noch verstärken. Sie können dieser Realität jedoch nicht entfliehen, sondern müssen sich mit den vorhandenen Möglichkeiten begnügen, der vielbefahrenen Strasse, dem Park und dem wenigen Grün. Raum wird in diesem Sinn zum gesellschaftlichen Ausdruck der sozialen Ungleichheiten. Besonders Jugendlichen aus unteren gesellschaftlichen Schichten bleibt meist nichts anderes übrig, als die unbefriedigende Freiraumsituation einfach zu akzeptieren. Auf die Problematik des Freiraummangels in Städten wird seit langem hingewiesen, Änderungen kommen aber nur sehr spärlich zustande.

---

[21] Das heisst, Florime wohnte bis am 25.12.93 dort. An diesem Tag wurde sie nach Mazedonien ausgeschafft.

[22] Die Zeichnungen der anderen SchülerInnen der FS 3 sind auf S. 129-132 zu finden.

Mesuts Zeichnung von dem Haus, in dem er in der Türkei aufgewachsen ist

Florimes Zeichnung von dem Haus ihrer Familie in Mazedonien

Mehmets Zeichnung des kurdischen Dorfes, in dem er aufgewachsen ist

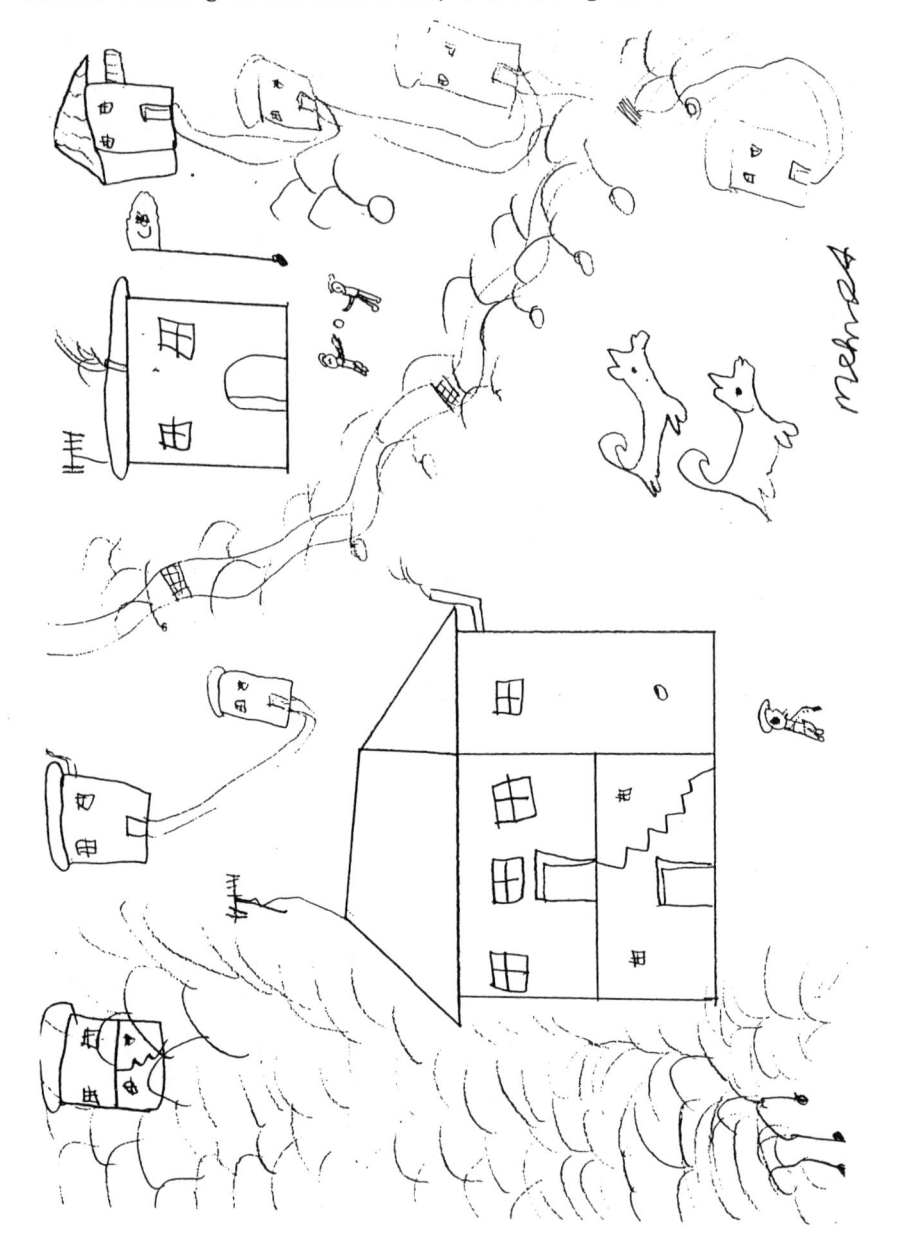

5.2 Aktivitäten im Tagesablauf und Streifräume der SchülerInnen der FS 3

5.2.1 Tagesprotokolle der SchülerInnen der FS 3

Die folgenden Ausführungen sind die sprachlich "geglätteten" Aussagen der SchülerInnen der FS 3, in denen sie erzählen, was sie in ihrer Freizeit, zu Hause und draussen alles gemacht haben und wo sie waren (die Zahlen in Klammern beziehen sich auf die einzelnen Tage).

(1) Dienstag 24.8.93, ab 16.00 Uhr
(2) Donnerstag 26.8.93, ganzer Nachmittag
(3) Sonntag 31.10.93, ganzer Tag
(4) Montag 1.11.93, ab 15.30 Uhr
(5) Dienstag 2.11.93, ab 15.30 Uhr

Ercan
(1) Nach der Schule bin ich eine halbe Stunde mit Mesut und Özel mit dem Fahrrad im Quartier und im Park rumgefahren. Dann bin ich nach Hause gegangen und habe etwas gegessen. Danach musste ich in der Migros ein Brot kaufen gehen. Um 18.30 bin ich alleine mit dem Fahrrad spazieren gefahren, so rumschauen, wer wo ist, was los ist. Von 21.00 bis 22.30 habe ich noch ferngesehen und etwas gegessen. (2) Mit Mesut und Özel bin ich um 13.00 ins Hallenbad Rialto gegangen. Aber es war geschlossen, und dann sind wir trotz des schlechten Wetters ins Freibad Bachgraben gegangen. An der Luft ging es gerade noch, aber das Wasser war sehr kalt. Dafür hatte es nur ganz wenige Leute. Um 17.00 sind wir nach Hause gegangen. Danach haben wir uns auf der Claramatte wieder getroffen. Wir gehen zur Zeit jeden Tag dahin. Danach sind wir bis 18.30 auf den Matthäusplatz gegangen. Dann gingen wir nach Hause. Ich habe ferngesehen, gegessen, etwas gelesen und noch einmal ferngesehen. (3) Um 10.00 bin ich aufgestanden. Von 11.00 bis 14.00 war ich in der Moschee, dann habe ich etwas gegessen und 1/2 Stunde ferngesehen. Von 15.00 bis 16.00 ging ich an die Herbstmesse. Dann kam ein Freund meines Vaters mit der Familie. Er blieb bis 22.00. Um 22.30 ging ich ins Bett. (5) Um 16.00 ging ich nach Hause und habe bis 18.00 ferngesehen. Danach habe ich gegessen, ein Buch gelesen, etwas geschlafen, dann nochmals bis 23.30 ferngesehen. Dann ging ich schlafen.

Özel
(1) Um 16.00 bin ich mit Mesut und Ercan im Park Fahrrad fahren gegangen. Um 16.30 bin ich nach Hause gegangen. Um 18.00 hatte ich Karateunterricht beim Claraplatz, und um 19.00 war ich wieder zu Hause. Dann habe ich noch geduscht, gegessen und ferngesehen. (2) (siehe Ercan). Zu Hause habe ich noch geduscht und ferngesehen. (3) Um 09.00 bin ich aufgestanden und habe bis 11.00 gefrühstückt. Danach habe ich einen türkischen Film angeschaut. Von 13.00 bis 20.30 war ich alleine an der Herbstmesse auf dem Barfi, dem Münsterplatz und in der Mustermesse. Um 20.30 war ich wieder zu Hause. Um 21.00 ging ich schlafen. (4) Nach der Schule bin ich mit Mesut nach Hause spaziert. Zu Hause war Besuch, wir haben gegessen, und dann habe ich mit dem Bruder ein Puzzle gespielt. Um 20.00 ist der Besuch gegangen. Ich habe noch ferngesehen, und um 22.00 bin ich ins Bett gegangen. (5) Nach der Schule bin ich nach Hause gegangen, habe etwas gegessen und ging dann mit Mesut an die Herbstmesse bei der Mustermesse. Wir haben Lose gekauft und "Chance" gespielt. Wir haben eine Kasse gewonnen,

dann haben wir Lumturije getroffen. Wir haben uns nur gegrüsst, sonst nichts. Danach haben wir nichts mehr gewonnen. Wir haben Lumturije noch einmal zusammen mit Florime gesehen. Florime hat geraucht und mich geschlagen. Dann sind ich und Mesut nach Hause gegangen. Zu Hause musste ich auf die Prüfung lernen. Danach habe ich mit meiner Schwester gespielt, bis 21.00 ferngesehen und dann bin ich ins Bett gegangen.

Mesut
(1) Nach der Schule war ich mit Ercan und Özel mit dem Fahrrad im Park. Zu Hause musste ich abwaschen. Dann habe ich ferngesehen, und die Tante aus Genf ist gekommen. Ich habe geduscht und bin mit dem Fahrrad zu Ercan gefahren, aber er war nicht zu Hause, dann bin ich zu Özel gefahren, aber der musste gleich ins Karate, also ging ich nach Hause und habe ferngesehen, etwas gegessen und mit der Tante aus Genf Tee getrunken. (2) (siehe Ercan). (3) Um 10.00 habe ich gefrühstückt, danach habe ich den ganzen Morgen ferngesehen. Am Nachmittag bin ich mit dem kleinen Bruder im Horburgpark Fahrrad fahren gegangen. Um 18.00 ging ich zu Mehmet und habe ihn gefragt, ob er an die Herbstmesse kommt. Dort haben wir Lose gekauft und eine Tasche, ein Tuch, ein Portemonnaie und Tischtücher gewonnen. Wir haben noch gespielt und sind dann zu Mehmet nach Hause gegangen. Um 22.00 musste ich für meine Mutter im Restaurant noch Zigaretten kaufen gehen. Danach habe ich noch ferngesehen, geduscht, dann ging ich ins Bett. (4) Nach der Schule habe ich auf dem Pausenplatz Fussball gespielt und bin mit dem Fahrrad rumgefahren. Dann bin ich mit Özel nach Hause spaziert. Um 16.30 habe ich etwas gegessen und einen türkischen Film geschaut. Dann ging ich etwas schlafen. Um 18.30 ist Besuch gekommen, und wir sind zum Haus meines Onkels gefahren. Wieder zu Hause, habe ich noch ferngesehen. (5) Nach der Schule bin ich nach Hause gegangen. Dort habe ich gegessen und eine halbe Stunde ferngesehen und dann mit Özel telefoniert, ob er an die Messe kommt, (dann siehe Özel). Um 19.00 bin ich wieder nach Hause gegangen, habe auf den Test gelernt, und um 23.00 bin ich schlafen gegangen.

Nimetulla
(1) Um 16.00 bin ich nach Hause gegangen und habe etwas gegessen. Dann bin ich alleine Fahrrad fahren gegangen, bis zum Eglisee. Zu Hause habe ich etwas gegessen, gelesen, Hausaufgaben gemacht und bis 22.00 ferngesehen. (2) Ich bin Fahrrad fahren gegangen, alleine zur EPA, dann bin ich nach Hause gegangen. Am Abend bin ich noch einmal mit dem Fahrrad spazieren gefahren. (3) Am ganzen Wochenende waren wir bei einem Onkel im Kt. Schwyz (Reichenburg) zu Besuch. Am Sonntag bin ich um 10.00 aufgestanden. Ich habe bis 11.00 ferngesehen, und um 12.00 sind wir zu einem anderen Onkel nach Winterthur gefahren. Dort sind wir spazieren gegangen und bis 19.00 geblieben. Um 20.30 waren wir wieder in Basel. Ich habe noch etwas gegessen, gelesen und um 22.00 bin ich schlafen gegangen. (4) Nach der Schule bin ich mit dem Fahrrad rumgefahren und dann nach Hause gegangen. Zu Hause habe ich ferngesehen, dann in einem deutschen Buch gelesen, und um 17.00 bin ich mit dem Fahrrad spazieren fahren gegang-en (EPA, Migros). Am Abend habe ich ferngesehen, gegessen und um 18.30 etwas geschlafen. Von 20.00 bis 22.00 habe ich nochmals ferngesehen, dann bin ich ins Bett gegangen. (5) Ich ging nach Hause, habe ferngesehen, dann eine Stunde Zeitungen vertragen, etwas gegessen, gelesen, für die Prüfung gelernt, geschrieben und dann ferngesehen. Bevor ich ins Bett ging habe ich noch einmal für den Test gelernt. Um 21.30 bin ich schlafen gegangen.

Mehmet
(1) Um 16.00 hat mich Mesut mit dem Fahrrad nach Hause gebracht. Dann habe ich Hausaufgaben gemacht und bin dann mit der Mutter zum Onkel gegangen. Um 22.30 waren wir wieder zu Hause. (2) Ich bin mit dem Fahrrad nach Grossbasel zu meinem Onkel gefahren. Am Abend habe ich ferngesehen. (3) Samstag abends waren wir bis 23.00 an einem Fest. Danach sind wir bis 01.30 noch an ein anderes Fest gegangen. Mein Vater kam von der Arbeit an das Fest. Ich war müde und ging nach Hause. Meine Eltern blieben noch. Am Sonntag habe ich bis 14.00 ausgeschlafen. Bis 16.00 habe ich geduscht, etwas gegessen und geputzt. Dann kam Mesut, und wir sind an die Herbstmesse gegangen. Mesut hat für Fr. 20.- Lose gekauft. Fr. 10.- hat er mir gegeben, Fr. 7.- dem kleinen Bruder von Mesut. Zu Hause habe ich gegessen und bis 23.30 einen türkischen Film geschaut. (4) Nach der Schule bin ich nach Hause gegangen und habe bis 20.30 ferngesehen, dann etwas gegessen und bis 22.00 mit dem "kleinen Computer" gespielt. (5) Ich bin nach Hause gegangen, habe gegessen und dann im Fernsehen Fussball geschaut (Galatasaray gegen Manchester United). Mein Onkel ist auch gekommen und hat Fussball geschaut. Nach dem Fussball sind mein Vater, meine Mutter und meine Schwester nach Hause gekommen. Eine "alte Frau" ist zu Besuch gekommen. Ich wollte schlafen gehen, aber die Frau ist nicht gegangen. Ich habe dann auf den Test gelernt. Die Frau ist endlich gegangen und ich ging schlafen.

Hatice
(1) Ich bin zu Hause geblieben, habe Musik gehört, ferngesehen, Hemden gebügelt, und um 21.30 ist mein Vater nach Hause gekommen. Dann habe ich bis 23.30 ferngesehen. (2) Ich war zu Hause und habe ferngesehen.

Lorena
(1) Zuerst habe ich die Aufgaben für den Spanisch-Unterricht gemacht, dann habe ich Musik gehört, Schreibmaschine geübt, gegessen und gelesen. (2) Ich war zu Hause, habe Fernseh und einen Video-Film geschaut, Musik gehört, ein Buch gelesen, gegessen und nochmals gelesen.
(Hatice und Lorena waren im Herbst, als ich weitere Protokolle aufnahm, zu einem Schnupperbesuch in der Realschule. Deshalb fehlen ihre Aussagen zu den drei letzten Tagen.)

Lumturije
(1) Ich bin zu Skurthe gegangen und dann mit ihr und ihrer Schwester spazierengegangen. Danach ging ich nach Hause und anschliessend mit meiner Mutter zum Onkel. Zu Hause habe ich noch bis 22.00 gelesen. (2) Ich war bis 16.00 bei meiner Schwester. Wir gingen spazieren. Am Abend habe ich noch Musik gehört und ferngesehen. (3) Ich bin um 09.00 aufgestanden. Am Morgen habe ich einen türkischen Video-Film gesehen. Von 15.00 bis 22.00 bin ich mit meiner Schwester an die Herbstmesse gegangen. Dort haben wir Florime und Skurthe getroffen. Von 18.00 bis 19.00 ging ich zu meinem Onkel am Voltaplatz. Danach bin ich bis 22.00 wieder an die Messe gegangen. Zu Hause habe ich für meinen Bruder die Wäsche gemacht, seine Arbeitskleider gerichtet, Fussball geschaut und um 23.00 bin ich ins Bett gegangen. (4) Nach der Schule ging ich zu meiner Schwester und zusammen sind wir an die Herbstmesse gegangen, wo wir wieder Florime getroffen haben. Ich bin bis 19.30 an der Messe geblieben. Zu Hause habe ich für meinen Bruder das Essen gemacht, dann um 20.30 für ihn sein Bett gemacht, ferngesehen, und um 21.15 bin ich ins Bett gegangen. (5) Nach der Schule bin ich mit Florime an die Messe (Muba) gegangen. Wir haben rumgeschaut, sind mit Bahnen gefahren, meine Schwester ist gekommen, und wir haben Freundinnen und die Schwester von Skurthe getroffen. Um

17.40 sind wir nach Hause gegangen. Ich habe bis 19.00 für den Französisch-Test gelernt. Dann kamen ein Cousin und ein Onkel zu Besuch. Ich half meiner Mutter beim Kochen und habe dazu türkische Musik gehört. Der Besuch ging um 21.30. Ich habe für meinen Bruder das Bett gemacht, noch bis 23.00 ferngesehen, dann ging ich schlafen.

Florime
(3) Ich bin um 10.30 aufgestanden, habe gefrühstückt und bis 14.00 ferngesehen. Dann habe ich meiner Mutter im Haushalt geholfen, und danach bin ich mit Lumturije bis 22.00 an die Herbstmesse gegangen. (4) Nach der Schule bin ich nach Hause gegangen, habe etwas gegessen, und um 16.30 bin ich mit meiner Schwester an die Messe gegangen (Muba), wo wir Lumturije getroffen haben. Meine Schwester ging dann nach Hause. Lumturije und ich sind noch bis 19.30 geblieben. Zu Hause habe ich gegessen und am Fernsehen einen Film mit Bomben gesehen. Um 22.30 bin ich ins Bett gegangen. (5) Nach der Schule bin ich mit Lumturije an die Messe gegangen. Um 18.30 war ich zu Hause, habe ferngesehen, für den Französisch-Test gelernt und die Betten gemacht. Dann ist Besuch gekommen, und wir haben geredet. Um 22.30 bin ich ins Bett gegangen. Der Besuch ist noch geblieben.

Antonio
(1) Um 15.30 hatte ich Handorgelstunde, und nachher mussten wir noch Noten kopieren gehen. Dann bin ich mit dem Bruder in den Coop gegangen, um Schuhe zu kaufen. Zu Hause habe ich Musik gehört und mit dem Computer gespielt. (2) Von 14.00 bis 17.00 musste ich in die Italienischschule. Danach bin ich Fahrrad fahren gegangen und habe einen Unfall gemacht. Ich bin in ein Mädchen gefahren. Ich weiss nicht, ob es ihr etwas gemacht hat. Am Abend habe ich ferngesehen. (3) Ich bin um 10.30 aufgestanden, nach dem Frühstück habe ich mit meinem Bruder gespielt. Nach dem Mittagessen bin ich bis 17.00 mit meinem Bruder an der Herbstmesse gewesen. Wir sind mit Bahnen gefahren. Am Abend habe ich zu Hause mit dem Computer gespielt und bin um 22.00 ins Bett gegangen. (4) Nach der Schule bin ich Fahrrad fahren gegangen, zum Claraplatz und dann nach Hause. Um 16.30 bin ich zusammen mit meiner Mutter in den Denner einkaufen gegangen. Dann ging ich wieder bis 17.30 Fahrrad fahren. Danach musste ich in den Coop und in die Migros einkaufen gehen. Vor dem Abendessen habe ich ungefähr eine Stunde Handorgel geübt. Zum Abendessen gab es Marroni. Dann habe ich im Zimmer bis 23.00 ferngesehen.

Krunoslav
(1) Nach der Schule ging ich nach Hause und dann mit dem Bruder auf die Claramatte. Wir haben Sammelbilder von Sketch-Champions von der "Wrestling World Champion League" getauscht. Danach ging ich alleine spazieren (Mustermesse, Clarastrasse, Claraplatz). Von 19.00 bis 00.30 habe ich im Fernsehen Sketch geschaut. (2) Ich war wie jeden Tag auf der Claramatte und habe dort gespielt und den Spagat geübt. Zu Hause habe ich gegessen, bis 19.00 ferngesehen, und danach ging ich bis 20.00 wieder auf die Claramatte. Bis 22.00 habe ich noch etwas gegessen und ferngesehen. (3) Ich bin um 07.00 aufgestanden und habe heimlich Terminator II mit Arnold Schwarzenegger geschaut. Ich habe die Kassette von einem Freund bekommen und musste sie ihm an diesem Sonntag wieder zurückgeben. Die anderen haben noch geschlafen. Um 10.00 gab es Frühstück. Dann ging ich spazieren, auf die Claramatte und zur Mustermesse. Nachmittags war ich bis 16.00 an der Herbstmesse und nach dem Abendessen nochmals bis 21.00. Zu Hause habe ich noch bis 24.00 ferngesehen. Dann bin ich ins Bett gegangen, konnte aber nicht schlafen, also habe ich nochmals bis 01.30 ferngesehen und ging dann wieder ins Bett. (4) Nach der Schule habe ich zu Hause einen Film mit Dinosauriern gesehen. Um 20.00

habe ich gegessen, und dann habe ich nochmals bis 22.00 ferngesehen, dann ging ich schlafen. (5) Um 15.30 bin ich nach Hause gegangen, habe etwas gegessen, ferngesehen, mich hingelegt, und dann ging ich spazieren. Danach habe ich zu Hause mit meiner Schwester und meinem Bruder gespielt und ferngesehen. Dann ist unsere Mutter vom Einkaufen zurückgekommen, und wir haben gegessen. Danach habe ich für den Test gelernt und von 20.00 bis 22.00 nochmals ferngesehen.

5.2.2 Interpretationen der Tagesprotokolle

Die Freizeit der SchülerInnen der FS 3 erscheint nach diesen Beschrieben nicht sehr spektakulär zu sein. Es gibt kaum Abwechslung in der Freizeitbetätigung: zu Hause bleiben, Fernsehen, Fahrrad fahren, Spazieren, in einen Park und im Herbst an die Messe gehen. Diese Aktivitäten wiederholen sich bei fast allen immer wieder.

Ausser den türkischen Jungen (Ercan, Mesut, Özel und Mehmet, in wechselnder Besetzung) und Lumturije und Florime geben keine SchülerInnen an, FreundInnen getroffen zu haben oder etwas mit anderen Jugendlichen unternommen zu haben. Treffen sich die KlassenkameradInnen draussen, grüssen sie sich zwar, aber sie unternehmen nichts zusammen. Krunoslav erzählte mir bei einer anderen Gelegenheit, dass er Mesut, Özel und Ercan manchmal auf der Claramatte sieht. Sie würden aber nie miteinander spielen. Hingegen scheinen die Begegnungen zwischen Mädchen und Jungen an der Herbstmesse intensiver abgelaufen zu sein ("Florime hat Özel geschlagen"). Die meisten erzählen von Besuchen von Verwandten, oder sie gehen Verwandte besuchen. Diese Besuche erscheinen alltäglich und bedeuten nicht eine spezielle Einschränkung in den Freizeitmöglichkeiten, sondern bieten eine gewünschte Abwechslung. Der Kontakt zu Verwandten und Bekannten der Familie bildet einen wichtigen Bestandteil im Beziehungsnetz der Jugendlichen.

In der Schule bilden die SchülerInnen der FS 3 Gruppen nach Nationalitäten. Die, die niemanden in der Klasse haben (Nimetulla, Krunoslav, Hatice, Antonio, Lorena), der oder die aus demselben Land kommt, scheinen in der Freizeit meist alleine oder mit Geschwistern zusammen zu sein. Ihre Freizeitbeschäftigung draussen mutet, v.a. bei Nimetulla, eher traurig an. Es erstaunt deshalb nicht, dass sich die meisten mehr FreundInnen wünschen, resp. sich nach ihren FreundInnen in der Heimat sehnen. Oft sind sie nach der Schule allein und ohne Kontakt zu Gleichaltrigen. Dies erklärt auch, warum die Schule besonders für Mädchen eine derart wichtige Treffpunktfunktion erhält.

Nimetulla und Antonio, aber auch Ercan, fahren oft alleine mit dem Fahrrad herum. Fahrrad fahren scheint bei allen Jungen, ausser bei Krunoslav und Mehmet eine wichtige Rolle zu spielen (Mehmet hatte einen schweren Unfall mit dem Fahrrad. Seither verbietet ihm sein Vater, Fahrrad zu fahren, obwohl Mehmet sehr gerne möchte). Mit dem Fahrrad ist es möglich, sich zu beschäftigen, herumzukommen, etwas zu sehen, ohne an einen Ort gebunden zu sein resp. einen festen Raum zur Verfügung zu haben.

Nimetulla ist der Einzige, der nach eigenen Aussagen angab, in der Freizeit in Warenhäuser zu gehen. Für die anderen scheint die City oder Grossbasel kaum eine Rolle in der Freizeitgestaltung zu spielen, denn auch das Spazieren findet in erster Linie zwischen Schule, Parks und den einzelnen Wohnorten der SchülerInnen statt.

Zu Hause spielt das Fernsehen für alle eine sehr grosse Rolle. Sie sehen jeden Tag meist mehrere Stunden fern. Sie lesen vielleicht noch ein bisschen, lernen für eine Prüfung, hören Musik oder spielen mit den Geschwistern. Die Mädchen helfen zusätzlich stark im Haushalt mit.

Hatice, die nur mit dem Vater in der Freizeit nach draussen geht, beschreibt die Heimkehr des Vaters als freizeitstrukturierendes Moment. Obwohl das nicht eine Tätigkeit ist, setzt es wahrscheinlich klare Zeichen für den weiteren Ablauf des Abends. Die Familie ist jetzt vollzählig, und es kann etwas unternommen werden, z.b. zusammen in den Margarethenpark oder in die Grün 80 gehen. Sie ist die einzige, die ihre Eltern überhaupt erwähnt. In den Protokollen fällt auch auf, dass alle immer vom Essen sprechen, aber nie sagen, dass die ganze Familie zusammen gegessen hat, in dem Stil: "und dann kam Vater nach Hause, und wir haben gegessen".

Feste Orte, die sie in Gruppen oder alleine immer wieder aufsuchen, sind bei den Jungen die Parks (Matthäusplatz, Claramatte und Horburgpark), die Badeanstalten und die Herbstmesse. Die Herbstmesse war besonders für Lumturije und Florime, die sich nach der Schule oft draussen aufhalten, sich nach Hause begleiten oder auch einmal besuchen, während zweier Wochen das freizeitstrukturierende Ereignis überhaupt. Die Hallen in der Mustermesse, die Bahnen auf der Rosentalanlage, am Barfüsserplatz und beim Münster sind traumhafte, glitzernde und laute Freiräume auf Zeit. Hier können sie sich bewegen, staunen, Leute treffen, Kontakte knüpfen, sich präsentieren und sich nach Lust und Laune vergnügen. All das ist während der Herbstmesse besonders für Mädchen in einem freieren, unkontrollierbareren Rahmen besser möglich als im alltäglichen Leben. Dass sie an der Herbstmesse z.T. viel Geld ausgeben, erzählten Mehmet und Mesut. Für Özel war die Herbstmesse eine Möglichkeit, alleine einen ganzen Sonntag nachmittag lang verschiedene Orte in Basel aufzusuchen. Auf der anderen Seite zeigt sich, dass die Herbstmesse nicht für alle denselben Reiz hat oder dass nicht alle hingehen dürfen. So hatte z.B. Ercan in den letzten drei "Protokolltagen" während der Herbstmesse in der Freizeit keinen Kontakt zu Özel oder Mesut, mit denen er normalerweise jeden Tag etwas macht. Özel und Mesut gingen zusammen an die Messe, ohne Ercan, dafür war Mehmet dabei, der im Sommer nichts mit Özel, Ercan und Mesut unternommen hat.

Özel und Antonio sind die zwei einzigen, die in einem Verein sind oder einer institutionalisierten Freizeitaktivität nachgehen. Özel geht ins Karate. Antonio hat ein gedrängtes Freizeit-Programm. Neben der FSK hat er Italienisch-Schule, dann ist er Torwart in einem Fussballklub, hat zweimal Trainig pro Woche und am Samstag einen Match. Er spielt auch Handorgel und muss dafür üben. Daneben spielt er zu Hause auch viel am Computer.

Krunoslav hat mir eine Geschichte erzählt, die sehr deutlich aufzeigt, wie auf Plätzen und an Orten Verdrängung stattfinden kann, so dass Räume ihre Bedeutung wechseln oder verlieren und neue Plätze gefunden werden müssen. Er und viele Kinder aus Ex-Jugoslawien waren früher sehr gerne auf der Dreirosenanlage. Es soll dort aber Serben haben, von denen sie verprügelt

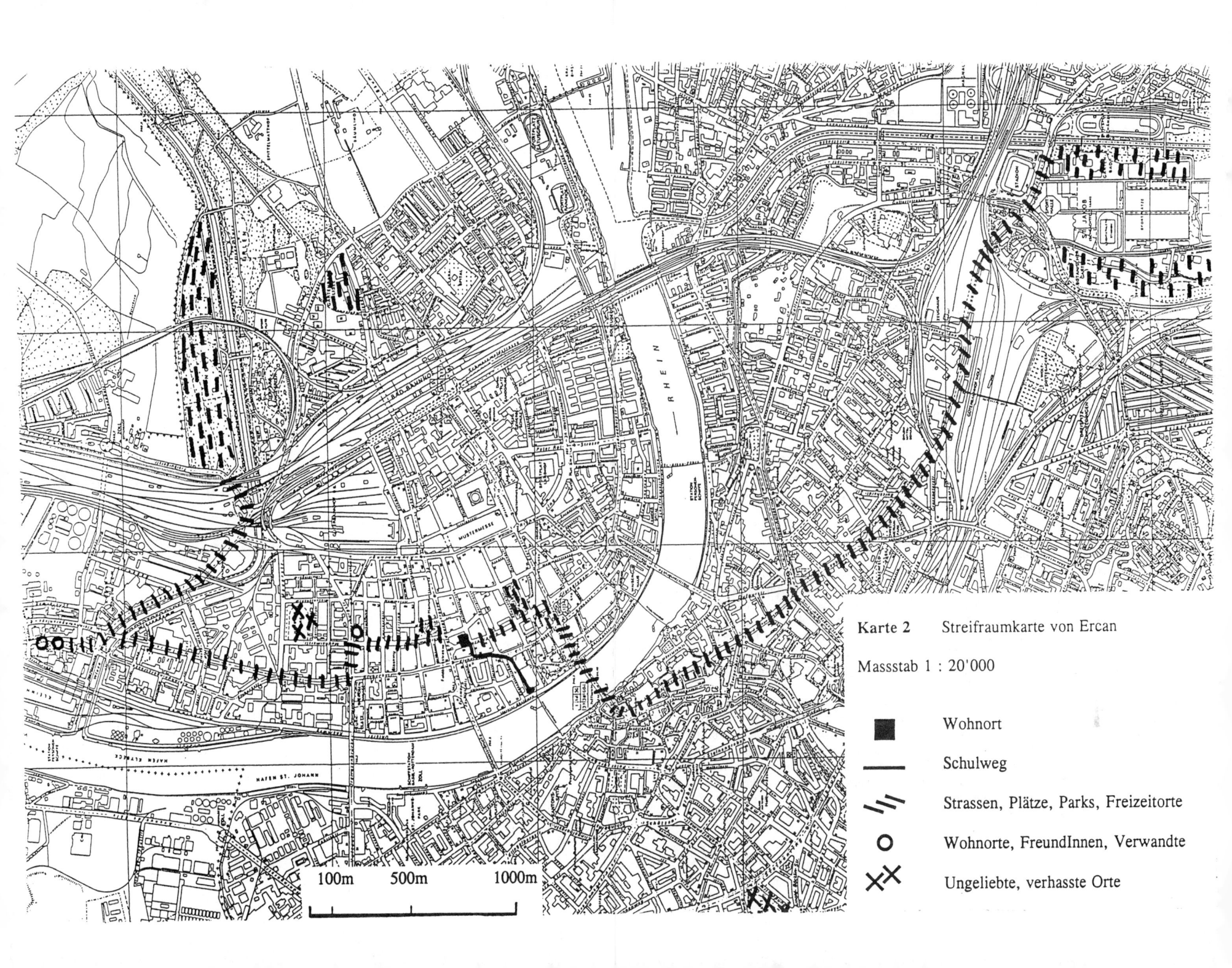

Karte 2 Streifraumkarte von Ercan

Massstab 1 : 20'000

■ Wohnort
— Schulweg
/// Strassen, Plätze, Parks, Freizeitorte
o Wohnorte, FreundInnen, Verwandte
xx Ungeliebte, verhasste Orte

würden, und dass sie deshalb dort nicht mehr hingehen können oder wollen. Ob das in dieser Art stimmt, spielt keine Rolle. Interessant ist, dass nur schon eine solche Vorstellung ihn von einem liebgewonnenen Platz vertreiben kann. In dem Alter reicht eine schlechte Begebenheit an einem Ort oder ein Gerücht, um ganze Gruppen von Jugendlichen von einem Platz zu vertreiben.

5.2.3 Streifräume der FS 3

Ende August habe ich mit den SchülerInnen der FS 3 Streifraumkarten gezeichnet, auf die sie ihren Wohnort, den Schulweg, die Wohnorte von FreundInnen, die Strassen, Plätze und Parks, auf denen sie gerne sind, und die Orte, die sie nicht mögen und nicht aufsuchen, eingezeichnet haben. Ich habe, um nach den Tagesprotokollen einen Einblick in die Raumnutzung der SchülerInnen zu geben und um den Aussagewert der Karten zu erhöhen, die Streifraumkarten der einzelnen SchülerInnen in Worte gefasst. Im Anschluss an diese Streifraumbeschriebe sollen Auszüge aus den Tiefengesprächen und Resultate aus der schriftlichen Befragung die Aktivitäten in den Innen- und Aussenräumen detaillierter darstellen und Angaben zu den benutzten Orten und Räumen vermitteln.

Ich habe die Streifraumkarten von Ercan (Karte 2, S. 64), von Hatice (Karte 3, S. 66) und von Krunoslav (Karte 4, S. 68) als Beispiele aufgeführt. Neben der Strasse, in der die Jugendlichen wohnen, habe ich zur besseren Orientierung auch die Postleitzahl aufgeführt.

Lumturije, Riehenstrasse 4058
Sie kommt mit dem 6er Tram in die Schule. Ihr Bewegungsradius beschränkt sich nicht nur auf Kleinbasel, sondern deckt einen ziemlich grossen Teil von Basel ab. Tellplatz - Barfüsserplatz - Marktplatz - Schifflände - Kannenfeldpark - Voltaplatz - St. Johann Park - Mustermesse. Die Mustermesse ist der einzige Ort, den sie in Kleinbasel angegeben hat. Der Claraplatz fehlt, weil er schon nicht mehr speziell auffällt. Er gehört zum täglichen Schulweg. Sie hat auch noch die Wohnorte von Skurthe (Bärenfelserstrasse), Lorena (Horburgstrasse) und Hatice (Hiltalingerstrasse) eingezeichnet. Die Spaziergänge, die sie regelmässig mit Skurthe und ihrer Schwester unternimmt, hat sie nicht eingezeichnet.
Und du Lumturije, wo bist du in deiner Freizeit? Wenn ich habe Freizeit, ich gehe spazieren. *Wo ist das?* So ein Park beim Eglisee, ich weiss nicht, wie er heisst *(wahrscheinlich Lange Erlen)*. Und vielleicht, wenn es heiss ist, ich gehe schwimmen. Und vielleicht komme ich hier an den Claraplatz oder gehe an die Schifflände, schaue etwas, was mir gefällt. Oder vielleicht ich gehe ins Bachgraben mit meiner Schwester, oder ich gehe auch zu meinem Onkel beim Voltaplatz, und dann gehe ich in den St. Johann Park mit meinem Onkel, ja, und auch allein. Wenn ich will, ich sage nur meiner Mutter, dass ich gehe. Auch mein Vater sagt, bleib nicht zu Hause, geh spazieren, immer.

Karte 3   Streifraumkarte von Hatice

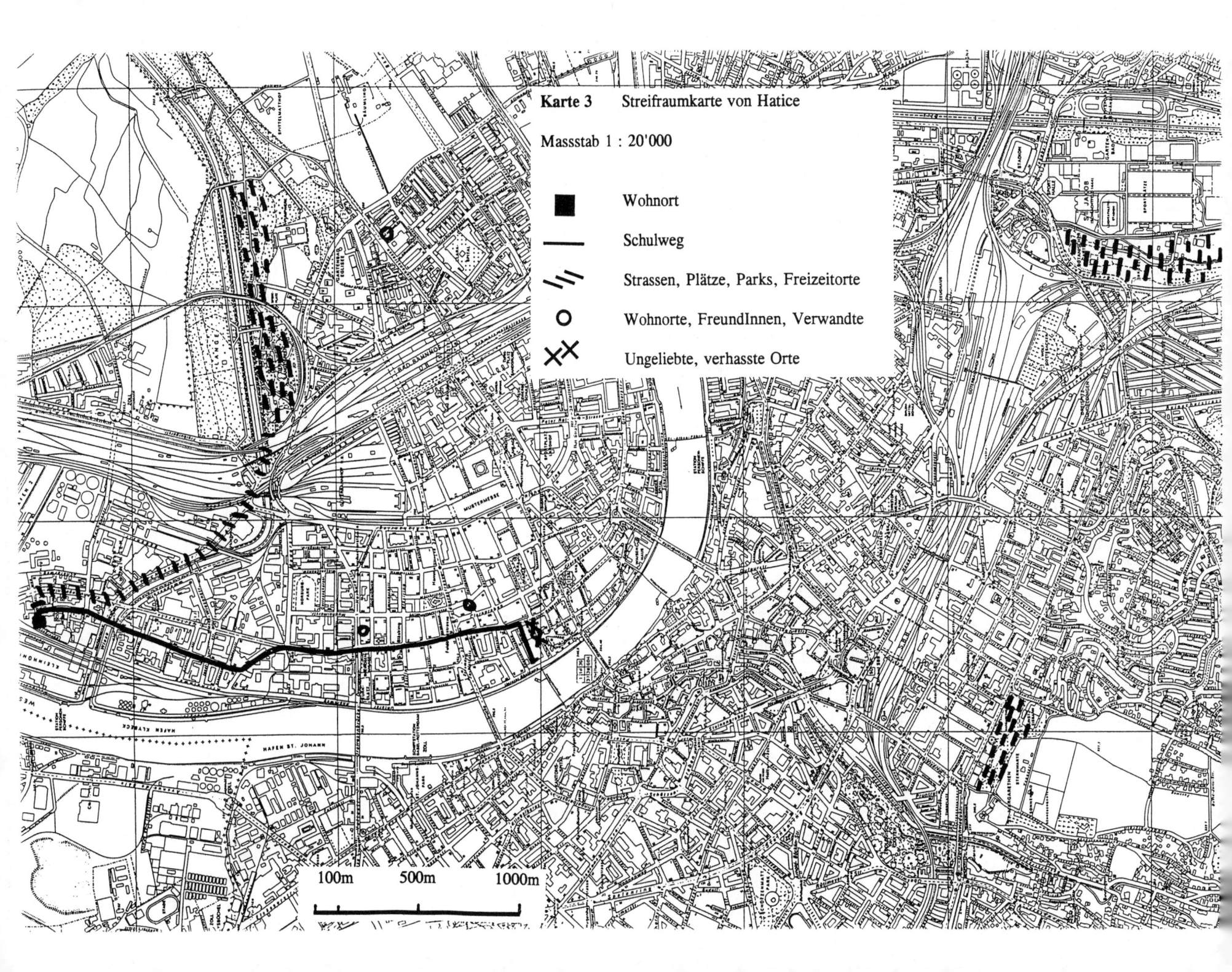

Massstab 1 : 20'000

■   Wohnort

—   Schulweg

/ / /   Strassen, Plätze, Parks, Freizeitorte

● ○   Wohnorte, FreundInnen, Verwandte

✗ ✗   Ungeliebte, verhasste Orte

Ercan, Haltingerstrasse 4057 (Karte 2, S. 64)

Er kommt mit dem Fahrrad zur Schule. Sein Raumradius entspricht ungefähr demjenigen von Mesut. Ercan ist sehr oft mit seinem Fahrrad unterwegs. Beim Ausfüllen der Stadtpläne ist mir aufgefallen, dass ihm und Özel zum erstenmal bewusst wurde, wie weit herum sie auf dem Weg in die Gartenbäder überhaupt kommen. Sie wollten beide den Weg vom St. Jakob, das an einem Ende der Stadt liegt, bis zu sich nach Hause aufzeichnen und staunten nicht schlecht, als quer über dem Plan ein "Balken" lag (vgl. Karte 2, S. 64). Aus dem Plan wird natürlich nicht ersichtlich, was auf dem Weg alles gemacht wird, was sie anschauen, wo sie anhalten, ob sie an Orten noch spielen, etc. Ercan besucht alle Plätze in seiner Wohnumgebung, ausser der Dreirosenanlage. Er hat den Horburg-Park und den Schützenmattpark als Gebiete eingezeichnet, die er nicht mag. Weshalb er dort nicht hingeht, sagte er nicht genau. Es müssen unangenehme Begegnungen stattgefunden haben.

Mehmet, Brombacherstrasse 4057

Mehmets Bewegungsraum ist nicht sehr gross. Er ist viel zu Hause mit seiner Mutter, geht Verwandte besuchen oder in den Horburgpark spielen und spazieren. Aber er bewegt sich auch auf der Achse Klybeckstrasse (Schulweg) und Hammerstrasse, um von der Claramatte via Wohnung in den Horburgpark zu gelangen. Ein anderer Weg führt durch die Müllheimerstrasse, in der auch Freunde von ihm wohnen. Er ist meistens zu Fuss unterwegs, und seine Wege führen ihn an den drei "Hauptspielplätzen" Claramatte, Matthäusplatz und Horburgpark vorbei.

Hatice, Hiltalingerstrasse 4057 (Karte 3, S. 66)

Wo bist du so in deiner Freizeit Hatice? Wo? In Schweiz? Ja. In Schweiz, wenn ich habe Freizeit, ich bin zu Hause. Wenn mein Vater auch Freizeit hat, wir sind nicht zu Hause. Wir gehen immer in einen Park, oder am Sonntag oder Samstag wir gehen mit Kollegen picknicken. Mein Vater hat viele Kollegen. *Wo geht ihr da hin?* Grün 80, immer Grün 80, weil es ist so schön. *Dir gefällt es auch in der Grün 80? Ja. Und wenn du weggehst, gehst du immer mit deinem Vater?* Ja, wenn ich weggehe, ist immer jemand Grosser dabei, Mutter oder Vater, weil ich kann nicht alleine gehen. *Du darfst nicht alleine gehen?* Nein. *Stört dich das, dass du nicht alleine rausgehen darfst?* Nein. *Und wenn du dann z.B. von der Schule nach Hause gehst, gehst du dann immer direkt nach Hause oder triffst du dich noch mit anderen?* Nein, ich muss direkt nach Hause gehen. *Gehst du auch manchmal schwimmen, in der Freizeit?* Mit meiner Klasse, aber sonst nicht.

Hatice kommt mit dem Tram zur Schule, direkt mit dem 14er durch Kleinbasel. Hatice hat auch die Wohnorte von Ercan und Özel eingezeichnet. Özel scheint sie auch schon besucht zu haben, d.h. ihre Eltern kennen sich wahrscheinlich. Wie Lorena hat sie einen Teil des Kasernenareals als Ort eingezeichnet, den sie nicht mag. Eigentlich ist das die Turnhalle; was sie damit genau meinten, weiss ich nicht, ev. die Kulturwerkstatt Kaserne oder das Café und den Jugendtreffpunkt "Schlappe" oder einen Ort, an dem sie "Hippies" oder Drogensüchtige vermuten, vor denen sie Angst haben.

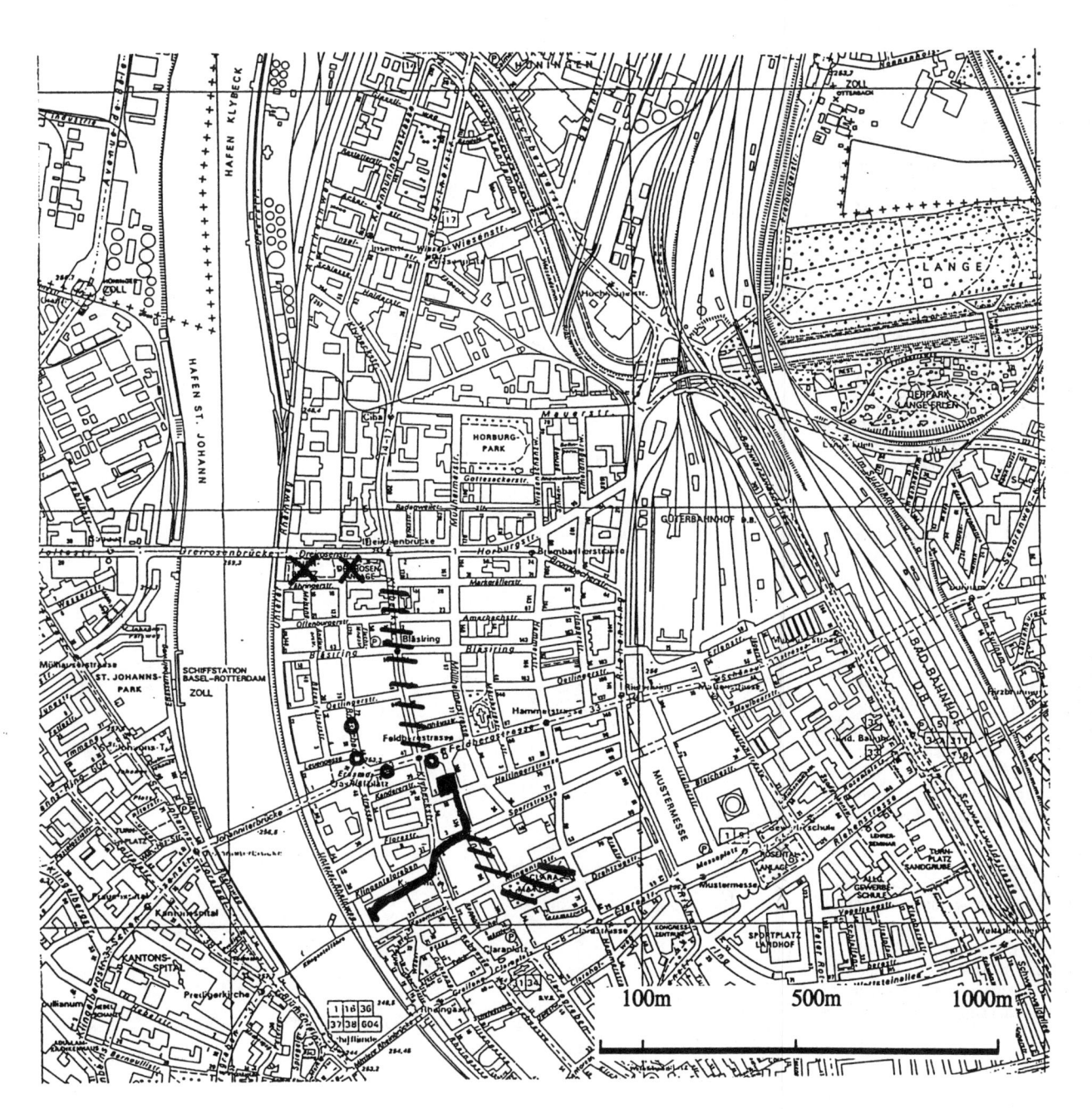

Karte 4 Streifraumkarte von Krunoslav

Massstab 1 : 14'300

■ Wohnort

| Schulweg

/// Strassen, Plätze, Parks, Freizeitorte

○ Wohnorte, FreundInnen, Verwandte

✗ Ungeliebte, verhasste Orte

Antonio, Kleinhüningerstrasse 4057

Er kommt mit dem Fahrrad oder mit dem Tram zur Schule. Seine Freizeitbewegungsmöglichkeiten sind durch seine oben beschriebenen "Verpflichtungen" bereits ein wenig eingeschränkt (vgl. S. 60). Antonio ist daneben nicht der Abenteurer, der mit dem Fahrrad das Quartier unsicher macht. Darum ist sein Wohnumfeld auch gleichzeitig sein Bewegungsraum: Akkerstrasse, Rastätterstrasse und das Ackermätteli. Er hat auch noch die Wohnorte von Mesut und Özel angegeben, aber wahrscheinlich wusste er einfach, wo sie wohnen. Vielleicht ist er mit dem Fahrrad auch einmal schauen gegangen, wo das ist. Dass er in der Freizeit etwas mit ihnen macht, kann ich mir nicht vorstellen. Antonio hat die Steinen-Vorstadt, die Sternengasse und das Hirschgässlein als Orte, die er nicht mag, eingezeichnet. Diese Orte liegen alle in Grossbasel, wohin er nach eigenen Aussagen nur mit den Eltern hingeht.

Mesut, Horburgstrasse 4057

Mesut kommt mit dem Fahrrad via Dreirosen- und Klybeckstrasse zur Schule. Die Wohnorte seiner Freunde Ercan und Özel hat er eingetragen. Claraplatz, Claramatte, die Badeanstalten Eglisee und St. Jakob und die Langen Erlen sind Orte, wo er sich aufhält. Die Strassen haben Verbindungsfunktion, darum sind auch v.a. Haupterschliessungsstrassen eingezeichnet: z.B. Sperrstrasse - Maulbeerstrasse - Egliseestrasse, um in die Badeanstalt Eglisee zu gelangen. Obwohl das nicht der direkte Weg von seinem Wohnort, sondern der von Ercan aus in die Badeanstalt ist, benutzt er ihn. Wahrscheinlich holt er Ercan ab, wenn sie in die Badeanstalt Eglisee gehen. Via Klybeck- und Gärtnerstrasse gelangt er zu Özel (Schulgasse) und von dort der Hochbergerstrasse entlang in die Langen Erlen, wo sie Fahrrad fahren und auch einmal grillieren. Wichtig scheint auch noch die Müllheimerstrasse zu sein, als direkte Verbindung von seinem Wohnort zu Ercan. Am Weg liegt der Matthäuspark, der zwar nicht eingezeichnet ist, aber doch besucht wird. Sie pendeln mit dem Fahrrad zwischen Claramatte und Matthäuspark hin und her. In Grossbasel wurde nichts eingezeichnet.

Nimetulla, Erlenstrasse 4057

Er kommt mit dem Fahrrad in die Schule. Nimetulla fährt sehr viel Fahrrad und ist in seiner Freizeit meistens alleine unterwegs und zwar v.a. auf der Achse Lange Erlen - Eglisee - Erlenstrasse (Wohnung) - Claramatte - Klingental - Claraplatz oder Horburgpark - Dreirosenbrücke - Kannenfeldpark, was ein recht ausgedehntes Bewegungsfeld darstellt. Was er da alles sieht und erlebt, ist mit dem Medium der Karte nicht in Erfahrung zu bringen. Er hält sich an Hauptverkehrsstrassen, was darauf hindeutet, dass er die Strassen v.a. als Verbindung von einem Ort zum andern braucht und nicht als Erlebnisraum. Er hat noch geschrieben: "Mein Freund wohnt in Schönaustrasse. *Mein Freund wohnt in Brombacherstrasse, mein Onkel wohnt in Clarastrasse. Ich gehe Eglisee, Horburgpark, Kannenfeldpark, Claramatte, Lange Erlen. Ich habe alles gern!!"*

Özel, Schulgasse 4057

Er hat ungefähr dieselben Bewegungsmuster wie Ercan und Mesut, obwohl er auch einmal alleine z.B. an die Herbstmesse geht und dabei in der ganzen Stadt rumkommt. Özel hat mehr Verbindungsstrassen (z.B. Riehenring) eingetragen als seine Freunde. Das deutet darauf hin, dass er, weil er am weitesten entfernt wohnt (in Kleinhüningen), am meisten Wege kennen muss, um zu seinen Freunden zu gelangen oder an die Orte, an denen sie sich verabredet haben. Wenn sie also z.B. vom Eglisee kommen, wird er sich von Ercan am Riehenring verabschieden und via Hochbergerstrasse nach Hause fahren.

Krunoslav, Claragraben 4057 (Karte 4, S. 68)
Er geht jeden Tag auf die Claramatte, wo er spielt und den Spagat übt oder Bildchen von Wrestling-Stars tauscht. In der Breisacherstrasse und der Riehenstrasse hat er Verwandte, die er besucht. Von Freunden schreibt er nichts. Soviel ich weiss, treffen sie sich einfach auf der Claramatte.

Lorena, Horburgstrasse 4057
Sie hat zum Plan ein Begleitblatt geschrieben, das zeigt, dass sie ein abwechslungsreiches Freundschafts- und Besuchsnetz hat. *"Ich komme in die Schule mit Tram. Hammerstrasse wohnt mein Onkel, Horburgstrasse meine Schwester, Bärenfelserstrasse Skurthe, Hüningerstrasse mein Bruder, Elsässerstrasse meine Freundin, Klybeckstrasse meine Schwester und meine Cousine. Hiltalingerstrasse Hatice, Riehenstrasse Lumturije, Markgräflerstrasse meine Freundin, Horburgstrasse meine Freunde."* Lorena nannte als Bewegungsraum: Horburgpark, St. Josephskirchhof, Hammerstrasse, Mustermesse, Claraplatz, Greifengasse, Mittlere Brücke, Schifflände und Unterer Rheinweg. Am Rhein läuft sie gerne Rollschuh. Im Hof ihres Hauses, das der "Ciba" gehört, können sie ab 17.00 spielen. Es scheint, als könnte sich Lorena ziemlich frei bewegen und, was selten ist, auch zwischen Freundinnen auswählen. Nach Grossbasel scheint sie nicht zu gehen und in die Badi nur mit ihrem Bruder, mit Schulkolleginnen oder mit der Klasse.

5.3 Innenräume

5.3.1 Wohnsituationen

Lumturije und Hatice:
Wie sieht das bei euch zu Hause aus? Wieviele Zimmer hat eure Wohnung Lumturije? Sie hat drei Zimmer. *Und ihr seid wieviele Leute?* Sieben. *Sieben? In drei Zimmern? Ist das nicht ein bisschen eng?* Für meine Familie ist nicht eng, ist genug. *Sucht ihr zur Zeit eine Wohnung?* Mein Vater sucht, aber er findet keine mehr. Und wo wir wohnen, ist noch schön. Nur meine Familie ist die einzige, die nicht deutsch spricht. Die anderen sind alles Schweizer. *Und du Hatice, hast du das Gefühl, du hast genug Platz zu Hause?* Ja, wir haben genug Platz. Wir sind fünf Personen, mein kleinster Bruder, in der Schweiz geboren, schläft mit meinen Eltern in einem Zimmer, und ich habe einen Bruder, der ist zehn Jahre alt. Ich schlafe mit ihm in einem Zimmer, und ein Zimmer ist das Wohnzimmer, dort hat Tele und so. Für uns ist das genug Platz.

Arzu:
Wieviele Geschwister hast du? Zwei. Die Wohnung hat drei Zimmer. Ein Wohnzimmer, ein Elternschlafzimmer und ein Zimmer in dem ich, mein älterer *(19)* und mein jüngerer Bruder *(12)* schlafen. In der Türkei hatten wir ein selbstgebautes Haus. Das Haus hatte einen grossen Garten. Hier ist das Haus ein bisschen alt. Ich habe nicht genug Platz, und wir suchen eine grössere Wohnung, haben aber noch keine gefunden.

Aus der schriftlichen Befragung ergab sich folgendes Bild: 20% der neuzugezogenen Jugendlichen wohnen mit ihren Familien in einer 2-Zimmer-Wohnung, 50% in einer 3-Zimmer-Wohnung und 23% in einer 4-Zimmer-Wohnung. Den befragten Jugendlichen des Klingentalschulhauses und ihren Familien stehen pro Person 0,65 Zimmer zur Verfügung. In einer 4-Zimmer-Wohnung leben demnach im Durchschnitt mehr als sechs Menschen. Sie haben ungefähr halb soviel Wohnraum zur Verfügung, wie der Durchschnitt der befragten Real- und SekundarschülerInnen mit 1,15 Zimmer pro Person. Obwohl deshalb auch nur 27% der neuzugezogenen fremdsprachigen Jugendlichen ein eigenes Zimmer haben (keine Geschlechterdifferenz), gaben 75% an, in ihrer Wohnung genug Platz zu haben (vgl. dazu die Wohnlagen der neuzugezogenen fremdsprachigen Jugendlichen auf Karte 1, S. 52). Die engeren Wohnverhältnisse müssen nicht zwingend eine schlechtere Wohnsituation nach sich ziehen. Von ihrer Herkunft her sind viele der Familien gewohnt, auf sehr engem Raum miteinander zu leben.[23] Doch ist es kein Geheimnis, dass besonders ausländische Familien, die noch nicht lange in Basel leben, in viel zu kleinen Wohnungen leben und sehr unter der Wohnungsnot zu leiden haben (MÄDER et al. 1991). Unzureichende Wohnverhältnisse können soziale, psychische und gesundheitliche Auswirkungen für die Jugendlichen und ihre Familien nach sich ziehen. Dazu kommt, dass die Gestaltung und Verbesserung des Wohnbereiches, anders als in den Herkunftsländern der meisten Jugendlichen, in der Schweiz gänzlich fremdbestimmt ist (ARIN/GUDE/WURTINGER 1985, S. 35). Viele Eltern der von mir befragten Jugendlichen suchen eine Wohnung. Auch alle ExpertInnen haben bestätigt, dass die Wohnungsnot eines der grössten Probleme der hier lebenden ausländischen Familien darstellt. Der vielfach geäusserte Umzugswunsch hat mit der Grösse und dem Preis der Wohnungen zu tun und besteht, anders als bei vielen Schweizer Familien, selten darin, den Wohnstatus zu verbessern und in ein Quartier mit höherer Lebensqualität zu ziehen.

Lehrerin:

Was weisst du über ihre Wohnverhältnisse? Ich denke, man kann nicht eine pauschale Aussage machen. Ich habe durch meine Schüler Einblick in ihre Verhältnisse. Wenn sie Probleme haben kommen sie und sagen z.B.: "Wir suchen eine Wohnung" oder: "Ich wohne mit meinem Vater zusammen in einem Zimmer, und daneben ist im andern Zimmer auch noch eine Familie zu zweit, und wir können unsere Familie nicht kommen lassen, weil wir keine Wohnung finden." Sie haben keine Probleme, zu zweit in einem Zimmer zu leben. Fünf Personen und drei Zimmer, das geht bestens. Aber die Wohnungsnot ist sehr, sehr gross. Ich suche immer wieder Wohnungen für Familien, und es ist ausserordentlich schwierig, etwas zu finden. Es heisst, mit den vielen Kindern geben wir ihnen keine 3-Zimmer-Wohnung, und

---

[23] Auch der aus diesen Gründen besonders bei Jugendlichen immer wieder abgeleitete Drang, den Aussenraum intensiver zu nutzen, darf nicht immanent, sondern nur als Möglichkeit gesehen werden. Ebenso konnte in dieser Arbeit das Gegenteil, nämlich dass der Verkehr die Jugendlichen in die Häuser zurücktreibt, nicht explizit festgestellt werden. Dies soll aber keineswegs heissen, dass der Verkehr in hochverdichteten Industrie-Wohnquartieren nicht ein immenses Problem darstellt. Er bildet den grössten negativen Einfluss auf die Wohn- und Lebensqualität in Kleinbasel und beeinflusst die Aktionsmöglichkeiten aller Bevölkerungsgruppen negativ.

eine 4-Zimmer-Wohnung können sie sich fast nicht leisten. Die kostet Fr. 2000.-. Sie können zwischen Fr. 1000.- und Fr. 1200.- ausgeben, und das ist schon sehr viel. Ich bin auch immer wieder bei Schülern zu Hause. Bei vielen ist es sehr gemütlich. Sie legen Wert auf eine gute Einrichtung. Es hat immer ein Sofa, auf dem viele Personen sein können. Gerade bei den Kurden habe ich das gesehen. Da purzeln immer ganz viele Kinder herum. Es kommen Freunde, und wahrscheinlich leben auch mehr Menschen als bei uns in den Wohnungen zusammen.

5.3.2 Mithilfe im Haushalt

Arzu:

Wie sieht dein Tag in Basel aus? Ich gehe in die Schule, und nachher komme ich nach Hause. Ein bisschen helfen, der Mutter kochen und abwaschen, abtrocknen, so und Hausaufgaben gemacht und ein bisschen Fernsehen geschaut. *Und zu Hause, was machst du da am liebsten?* Ich, ja ein Buch lesen, kurdische Bücher. *Kannst du mir beschreiben, wie ein ganz normaler Tag in der Türkei ausgesehen hat?* In der Türkei musste ich zu Hause arbeiten und bis am Abend und dann Fernsehen und essen und schlafen. *Schule hattest du keine in der Türkei?* Doch, ich habe nur 5 Jahre Primarschule. *Und was hast du dann in der Freizeit gemacht in der Türkei?* Gar nichts. *Gar nichts? Spiele oder so?* Nein, zu Hause arbeiten, also nähen und sticken, für Hochzeitskleider.

Andrzei:

Erzähl einmal, was du im Haushalt alles machst. Also, ich koche für mich und meine Schwester, und wenn meine Mutter dann kommt, dann auch etwas. Ich muss abstauben und so, einkaufen und machen und eben schauen, dass alles in Ordnung ist. *Das ist gut, wenn man das lernt, als Junge.* Ja, ja, und wenn ich dann eine Frau habe, dann muss ich alles machen, und sie liegt im Bett und wartet, bis alles fertig ist. Das auch nicht so gut. *Nein, aber dann arbeitet sie vielleicht oder ist froh, wenn sie die Hausarbeit nicht alleine machen muss. Sie macht dann ja auch die Hälfte. Stell dir vor, wie froh eine Frau ist, wenn sie einen Mann hat, der abstauben und kochen kann.* Ich habe in der Realschule kochen gehabt. Ein Jahr, nein ein halbes. *Und du hast alles schon gekonnt, weil du zu Hause kochst?* Ja, aber ich habe noch nicht alles probiert hier, was wir dort gemacht haben. *Kochst du gern?* Hängt davon ab was. *Und sagt dann deine Mutter, was du kochen musst oder entscheidest du das selbst?* Manchmal schon, aber manchmal sagt sie: "Koch einfach irgend etwas". *Und am Abend, dann kocht sie oder auch Du?* Verschieden. Oder einfach, macht sich jeder was er will. Z.B. ich nehme eine Pizza, meine Schwester etwas anderes, Risotto, ich weiss nicht. *Also ich finde es gut, wenn man als Junge lernt, den Haushalt zu führen. Das ist hier nicht so verbreitet, dass die Jungen gross im Haushalt mithelfen. Das müssen immer die Mädchen machen.*

Die Mithilfe im Haushalt ist bei den neuzugezogenen fremdsprachigen Mädchen stark im täglichen Leben verankert. Sie übernehmen einen grossen Anteil an der Hausarbeit und der Betreuung der kleinen Geschwister, besonders wenn die Mütter einer Lohnarbeit nachgehen. 75% der befragten fremdsprachigen Mädchen gaben an, jeden Tag im Haushalt mitzuhelfen, aber nur 25% der Jungen. Die Zeit, die die Mädchen für die Hausarbeit einsetzen müssen, fehlt ihnen, um z.B. ihre Hausaufgaben machen zu können oder hinauszugehen, Kontakte zu knüpfen und Freundschaften zu pflegen. Dass dadurch ihre Möglichkeiten der Raumaneignung gegenüber den Jungen eingeschränkt sind, liegt auf der Hand. Auf der anderen Seite kann diese Arbeit auch einen willkommenen Rückzug aus der neuen, fremden Umgebung unterstützen und, wie im Lagerbericht erwähnt, den Mädchen einen legitimierten Raum bieten (vgl. S. 49).

Lehrerin:
Wie ist das mit den Mädchen? Ich habe erlebt, dass Mädchen keine Möglichkeiten haben, sich draussen zu treffen, dass sie zu Hause bleiben müssen. Bei vielen Mädchen ist es wirklich so, dass sie nicht rausgehen dürfen. Das Mädchen gehört nach Hause. Bei Mädchen erlebe ich, dass sie sehr viel im Haushalt machen, was sie auch sehr gut können. Dort, wo die Mutter arbeitet, sind es die Mädchen, die den ganzen Haushalt schmeissen, mit kochen und putzen und allem. Ich habe erlebt, das elf- und zwölfjährige Mädchen genau wussten, wie ein Menu kochen, ohne Vorbereitung, und alles klappt. Das ist keine Seltenheit.

5.3.3 Fernsehkonsum

Die Tagesprotokolle der FS 3 haben es bereits deutlich gemacht. Fernsehen ist eine der bedeutendsten und sehr wahrscheinlich die zeitintensivste Freizeitbeschäftigung der neuzugezogenen fremdsprachigen Jugendlichen. (Vgl. auch Tab. 12, S. 120. Auf die möglichen Auswirkungen des Fernsehkonsums wurde in Kapitel 2.3.1, S. 12 hingewiesen.)

Nur eine Familie der befragten fremdsprachigen SchülerInnen besitzt kein Fernsehgerät. 80 % der SchülerInnen gaben an, täglich fernzusehen. Die durchschnittliche Fernsehdauer an den Vortagen der Befragung lag bei den fremdsprachigen SchülerInnen bei 2 Std. 35 Min.. 51 % der Jugendlichen haben "am Vortag" ein bis zwei Stunden, 77 % bis drei Stunden und 5 % mehr als sechs Stunden ferngesehen. Die fremdsprachigen Mädchen schauen noch mehr fern als die Jungen, was sicher damit zusammenhängt, dass viele Mädchen in ihrer Freizeit zu Hause bleiben (müssen). Die fremdsprachigen SchülerInnen schauen sich am liebsten Karate-Filme an (vgl. Tab. 13, S. 120).[24] Klar, dass v.a. Jungen dieses Genre angegeben haben. Karate- und Kung-Fu-Filme sind äusserst beliebt und die Stars der Filme allen bekannt.[25] Erstaunlich ist, dass Karatefilme scheinbar weitaus beliebter sind als Filme aus der Heimat. Es war aber nicht immer einfach, Filme aus der Heimat zu entschlüsseln. Krimi-, Horror- und andere Action-Filme werden besonders von den Jungen bevorzugt, während die Mädchen sehr gerne Vorabendsendungen schauen (vgl. dazu auch Kap. 5.5.3, S. 80).

---

[24] Ich teilte die Filme aufgrund der Antworten in sieben Kategorien ein: 1. Filme aus der Heimat, 2. Karatefilme, 3. Krimi, Horror und andere Action, 4. Vorabendsendungen, 5. Lustige Filme, 6. Spielfilme, 7. anderes (Tierfilme, MTV, Sport, etc.).

[25] V.a. Jean-Claude van Damme ist ein grosses Idol der Jungen. Sein Poster hängt in Schulzimmern, seine Kunststücke werden trainiert und nicht selten im Schulhausgang ausprobiert. Wenn Krunoslav sagt, er übe auf der Claramatte den Spagat, so ist das der berühmte Spagat von van Damme, den er nachmachen will.

5.4 Aktivitäten in den Aussenräumen

5.4.1 Aktivitäten und Bewegungsräume - Auszüge aus den Tiefengesprächen

Timea:
Was machst du hier in deiner Freizeit? Ja, was mach ich *(Nachdenken)*? So, wir gehen spazieren, auch schwimmen, und weiss ich nicht mehr, was wir sonst noch machen. *Spazieren, was heisst das für dich, spazieren? Wo geht ihr da spazieren?* Am Rhein, dem Rhein entlang. Bloss bis zur Mittleren Brücke oder auch weiter Richtung Wettsteinbrücke? Manchmal weiter, manchmal nicht. *Stören dich die Leute, die Drogensüchtigen, die dort sind, nicht?* Nein. *Du bist die erste, die das sagt. Und geht ihr auch durch Kleinbasel, so zum Claraplatz und so?* Ja, ja, da gehen wir auch hin. Claraplatz und auch weiter in Grossbasel zum Marktplatz bis zum Barfüsserplatz, Freie Strasse, Gerbergasse. *Wann seid ihr v.a. da? Am Samstag oder am Feierabend?* Am Wochenende. *Gibt es auch Orte, die du überhaupt nicht gern hast?* Nein, nein. *Gibt es nichts, wo du überhaupt nicht gern hingehst?* Ja, doch gibt es, der "Ciba"-Park, wie heisst der? *Meinst du den Horburgpark, bei der "Ciba"?* Ja, genau den. *Warum gehst du da nicht hin?* Ich weiss nicht, ich gehe dort nicht, ich hasse diesen Park.

Arzu:
Kannst du hier Sachen nicht machen, die du in der Heimat machen konntest? Ja, einfach nicht so gehen und spazieren, so bis acht oder neun Uhr und so etwas. Ich darf nicht in die Stadt gehen, ich darf nicht in die Disco gehen, ich darf keine Freunde haben, so viele Sachen. *Warum darfst du das alles nicht? Sagt dein Vater, das geht nicht?* Ja. *Findest du das blöd?* Ja. *Gibt es trotzdem Orte, wo du dich mit Freundinnen triffst, wo Verwandte wohnen, die du besuchst, oder wo du manchmal bist?* Ich, ich bin immer zu Hause *(Lachen)* und mit Freundinnen in der Schule und danach gehe ich nach Hause. *Dann gehst du auch nicht so spazieren oder so?* Doch, mit meiner Cousine. *Und deine Brüder, dürfen die nach draussen gehen?* Ja, natürlich. *Ist es dir dann machmal langweilig hier in der Freizeit?* Mhm, ja. *Kannst du deinen Eltern dann nicht sagen, mir ist langweilig, ich möchte nach draussen gehen?* Ja, alleine nicht, mit den Eltern geht es schon, aber alleine ist es nicht möglich. *Wo gehst du mit deinen Eltern dann hin?* Also, wir gehen jemanden besuchen, oder in die Stadt, fertig.

Ahmet:
Wo triffst du dich mit deinen Freunden, oder wo bist du mit ihnen verabredet und wo geht ihr hin? Ja also, ich weiss auch nicht. *Was machst du heute Nachmittag nach dem Interview?* Dann muss ich zu Hause lernen. Ich gehe fast nicht raus. Nur am Samstag und Sonntag gehe ich ins St. Jakob zum Fussballspielen. *Sonst bist du meistens zu Hause?* Ja, von Montag bis Freitag bin ich immer zu Hause. *Triffst du dich nach der Schule nicht mit Freunden, irgendwie auf der Dreirosen...?* Nein. *Also auf dem St. Jakob gehst du Fussballspielen? Bist du in einem Fussballklub?* Nein, bin ich nicht, aber wir spielen mit Freunden. *Ihr trefft euch jeden Samstag und Sonntag?* Ja. *Seid ihr eine Mannschaft?* Ja, manchmal schon, also wenn ein Turnier ist, dann gehen wir schon, sonst spielen wir untereinander. *Gibt es noch andere Orte, an denen du schon einmal gewesen bist, und die du magst?* Ja, den Horburgpark. *In den Horburgpark, gehst du da viel hin, oder einmal in der Woche?* Ja, so einmal in der Woche. *Und was machst du denn da?* Kommt drauf an, wenn es mehr Kollegen sind, diskutieren wir oder spielen etwas oder gehen in den Spielsalon an der Heuwaage. Das ist einer, in den man auch unter sechzehn schon rein

darf. *Wie oft bist du da schon gewesen?* Dreimal. Ich habe einen Cousin, der in Oftringen wohnt, und wenn er kommt, dann gehen wir dahin. Und wenn ich nach Oftringen gehe, gehen wir auch in einen Spielsalon, dann gehen wir zu einem Schulhaus, da sind viele Kollegen von ihm. Sonst bin ich an der Schönaustrasse, da wohnt auch ein Cousin. Und dann bin ich noch an der Lachenstrasse, das ist hinter dem Kannenfeldpark, beim Luzernerring. Dort wohnt ein Kollege und eine Cousine. *Gut, und gibt es noch weitere Orte in Basel, die du magst?* Ja, den Matthäusplatz, und sonst gehe ich nirgends hin. *Gibt es Orte, die du nicht gern hast, oder an denen du ein schlechtes Erlebnis hattest?* Ja, hinter dem Kasernenschulhaus gibt es so, ja so, ich weiss nicht, so ein Ort. *Ah, wo die Drogenabhängigen sind?* Ja. Und dann am Unteren Rheinweg, bei der Mittleren Brücke. Wenn ich zu Frau Larghi gehe, gehe ich zur Wettsteinbrücke und dann an den Rhein. *Dann gehst du nicht bei der Mittleren Brücke unten durch?* Nein. *Also, wenn du von der Brombacherstrasse zu Frau Larghi gehst, gehst du via Wettsteinplatz? Das ist ein Umweg.* Ja, ich gehe bis zur Greifengasse und dann die Utengasse entlang und dann durch das Gässlein. *Da gehst du nicht unten am Rhein entlang?* Nein, einmal bin ich gewesen. *Und das hat dir nicht gefallen?* Nein. *Und was war dann, das dir nicht gefallen hat?* Ja, sie haben gefragt, ob ich etwas will. Ja, und dann noch an der Erlenstrasse *(Standort eines Gassenzimmers),* da gehe ich auch nicht entlang. *(Ahmet geht zu seinem Freund nicht durch die ganze Erlenstrasse, sondern macht den Umweg via Schönaustrasse bis zur Jägerstrasse und biegt erst dort in die Erlenstrasse ein, um das Gassenzimmer zu umgehen.) Und gibt es sonst noch Orte, wo du nicht hingehst?* In die Kirche geh ich auch nicht, und sonst, geh ich eigentlich auf jeden Platz. *Bist du manchmal auch auf dem Barfüsserplatz oder in der Steinen?* Auf dem Barfüsserplatz nicht. *Was stört dich da?* Es stört mich nicht, aber es ist nicht so lustig da. *Du hast gesagt, du bist viel zu Hause unter der Woche, was machst du dann so? Was hast du gestern nach der Schule gemacht?* Gestern hatte ich Schule bis 16.00. Dann ging ich nach Hause. Dann um 17.30 gab es Abendessen, dann habe ich bis 19.30 gelernt, also Hausaufgaben gemacht, und dann bin ich zu dem Kollegen an der Erlenstrasse gegangen. *Und was habt ihr da gemacht?* Also ich war mit meinem Cousin dort, und es waren noch drei Freunde dort gewesen, und dann haben wir geredet und gelacht und ferngesehen. *Also wenn du weggehst, dann gehst du meistens mit einem Cousin oder Verwandten weg? Alleine nicht so?* Nein. *Zu einem Schulfreund, der mit dir in die Schule geht, gehst du am Abend nicht?* Nein. *Die triffst du am Morgen auf dem Schulweg, und dann begleitest du sie nach Hause, und dann trefft ihr euch nicht mehr?* Nein. *Und das Fussballspielen am Wochenende? Spielen da auch Cousins mit?* Ja, da kommt der von der Lachenstrasse und der aus der Erlenstrasse, und dann kommen noch zwei Cousins, die kommen fast jede Woche zu uns von Oftringen. Einmal kommen sie zu uns und einmal gehen wir dorthin. *Besucht ihr euch sehr viel?* Ja, jede Woche, und wenn sie hier sind, dann gehen wir alle zusammen und dort auch, auch Fussballspielen. *Und gehst du auch manchmal ins Schwimmbad?* Ja.

Andrzei:
Wie sieht ein normaler Tag aus in Basel? Also, morgens Schule, mittags Pause, dann koche ich etwas für mich und meine Schwester. *Deine Mutter kommt nicht nach Hause, sie arbeitet den ganzen Tag?* Sie kommt nicht in die Pause, sie hat zuwenig Zeit und auch kein Auto, und dann nachmittags, gehen wir bis vier Uhr in die Schule, wenn wir welche haben. Dann, wenn wir zurückkommen, macht meine Schwester meistens Hausaufgaben. Ich habe keine Lust dazu. Ich höre etwas Musik, Video schauen oder so. Früher bin ich noch mit meiner Schwester Rollschuh laufen gegangen, einfach so, dann etwas essen und dann, dann am liebsten Hausaufgaben machen. Nachts arbeitet man am besten, finde ich. So wenn schon alle schlafen. Am Wochenende

gehen wir meistens ins Gartenbad St. Jakob und im Winter Schlittschuh laufen, und dann kommen noch von meiner Mutter von der Arbeit LKW-Fahrer, weil sie arbeitet in einer Spedition, und die aus Polen, die noch keine Ware haben, die bleiben dort im Terminal und die kommen einfach, weil dort langweilen sie sich. Dann gehen wir zusammen, und das finde ich noch gut. Die Leute aus Polen? Ja, weil dann langweile ich mich nicht. Ich kenne die meisten. *Dann geht ihr in die Stadt?* Ja, zum Beispiel, oder ins Schwimmbad. *Wo gehst du hin, wenn du in die Stadt gehst?* Ja, so manchmal in die Rheinbrücke, einfach so, um zu schauen, was es da so gibt. Technik interessiert mich. Der fünfte Stock, ja, und Migros und viele Technik-Geschäfte, so Eschenmoser, Interdiscount. Meine Mutter geht auch häufig auf den Flohmarkt, aber das interessiert mich nicht.

Die neuzugezogenen fremdsprachigen Jugendlichen bewegen sich, wenn sie draussen sind, in erster Linie in ihrem Quartier. Karte 5 (S. 90) zeigt als zusammenfassende Karte alle Strassen, Plätze und Parks, die die SchülerInnen der FS 3 auf den Streifraumkarten angaben und die die SchülerInnen des Klingentalschulhauses in der schriftlichen Befragung erwähnten. Regelmässig nach Grossbasel gehen sehr wenige. Sie haben ihre Routen, die sie selten verlassen und mit denen sie die wichtigsten Orte verbinden können. In Kleinbasel zwischen Horburgpark und Clarastrasse, wo die meisten der von mir befragten Jugendlichen wohnen (vgl. Karte 1, S. 52), wurden alle Strassen und Plätze als Aufenthaltsorte angegeben. Besonders die Parks sind äusserst beliebte Aufenthaltsorte.

Auf die Bedeutung der verschiedenen Orte und Räume gehe ich später noch genauer ein. Zuerst sollen mit Hilfe der Angaben aus der schriftlichen Befragung und der ExpertInneninterviews einige Aspekte der Freizeit und der Aussenraumaktivitäten der Jugendlichen genauer betrachtet werden (vgl. Tab. 9 und 10, S. 119).

5.4.2 Spazieren

Manchmal hatte ich das Gefühl, die ganze Arbeit unter den Begriff "Spazieren" fassen zu können. Für viele der neuzugezogenen fremdsprachigen SchülerInnen ist "Spazieren" die Freizeitbetätigung ausser Haus und umfasst alle Aktivitäten ausserhalb der Wohnung. Spazieren bezeichnet alles, was nach der Schule geschieht. Nicht nur das wirkliche Spazieren durch das Quartier, auch Fahrrad fahren, in den Park gehen, mit FreundInnen rumstehen und reden. Wenn Ahmet sich mit Kollegen trifft, zum "schnurre", wie er sagt, zum rumhängen und Neuigkeiten austauschen, so ist das genauso "Spazieren", wie wenn Hatice mit der Familie in die Grün 80 geht, um zu grillieren. Auch was Nimetulla in Winterthur am Sonntag nachmittag bei seinen Verwandten macht, ist Spazierengehen. Lumturije spaziert mit Florime und Skurthe, wenn sie sich nach der Schule nach Hause begleiten. Im Grunde ist Spazieren auch das, was die SchülerInnen an der Herbstmesse gemacht haben. Sich treffen, an einem Ort sitzen, ein bisschen sprechen, auf sich aufmerksam machen. Da passiert gar nicht viel mehr; sich gegenseitig austauschen, bei Leuten sich geborgen fühlen, die, wenn auch nur für kurze Zeit, loyal sind und einem nicht mit Anweisungen des täglichen Lebens in den Rücken fallen: "Verschnaufraum". Spazieren bezeichnet den unbestimmten Aufenthalt an einem Ort, der nicht legitimiert werden muss. Mit einem Auszug eines aus Platzgründen in dieser Arbeit nicht vollständig enthaltenen "persönlichen Beschrieb Kleinbasels und der Aufenthaltsorte der neuzugezogenen fremdsprachigen Jugendlichen", möchte ich die Spannweite des Begriffs "Spazieren" darstellen. Was die Jugendlichen dabei auf der Dreirosenanlage machen, bezeichneten sie in den Gesprächen als "Spazierengehen".

(...). Auf der anderen Strassenseite beginnt die Dreirosenanlage, die unterteilt ist, in einen Schulhausbereich mit geteertem Pausenplatz, einem Parkbereich mit Wiese, Teerweg und Bänken und einem Sportplatzbereich. Bei den Bänken an der Klybeckstrasse hat es immer Jugendliche, meist junge Männer, die sich dort treffen. Jetzt sind vier Jungen da und beim Brunnen zwei Mädchen, die miteinander sprechen. Die Nähe zur Strasse und der Lärm scheint sie nicht zu - stören, (es gäbe auch verkehrsabgewandtere, aber weniger übersichtliche Bereiche). Von den Jungen sind jetzt ein paar zu den Mädchen gegangen. Am Brunnen spritzen sie sich jetzt gegenseitig an. Die Mädchen, die eigentlich am Brunnen waren, werden von dort verdrängt. Sie stehen nun schüchtern ein wenig abseits. Die Jungen sind schon ziemlich nass, vollführen einen Balztanz um den Brunnen und brauchen unheimlich viel Platz für ihr Spiel. Jetzt geht es ganz rabiat zu, und einer wird ganz nass, und die Schadenfreude der Mädchen ist gross. Auch hier ist eine jugendliche Türkin mit ihrer kleinen Schwester unterwegs; offensichtlich die Legitimation, um sich zu dieser Tageszeit draussen aufzuhalten, mit Freundinnen zu reden und eventuell heimlich Kontakte zu Jungen zu knüpfen. Diese rennen wie wild auf der Wiese herum und versuchen sich zu fangen. Einer ist bei den Mädchen stehengeblieben und holt sich so einen Kommunikationsvorsprung heraus. Vielleicht ist er auch der einzige, der an den Mädchen interessiert ist. Die andern scheinen sich eher auf der Wiese wohlzufühlen. Jetzt hat es ein Junge gewagt, ein Mädchen anzuspritzen, und sie ruft ihm nach: "Du Hurensohn!" Er ruft zurück: "Ich Hure?" Und sie noch einmal: "Du Hurensohn, du musst mich nicht anspritzen." Sie sprechen offensichtlich nicht dieselbe Sprache. Jetzt folgen wilde Karateschläge bei den Jungen. Sie sind mittlerweile total nass, und die Mädchen scheinen beeindruckt. (...).

Auch bei den Gesprächen mit den ExpertInnen wurde die Bedeutung des "Spazierens" im Alltag der Jugendlichen ersichtlich.

Lehrer:
> Was ich von der Freizeit meiner Schüler mitbekomme, ist das Spazieren. Was sie in der Freizeit machen, lässt sich mit dem Begriff Spazieren zusammenfassen. Meine Schüler halten sich in der Freizeit im Horburgpark auf und spazieren im Quartier herum. Das geht bis zum Claraplatz. Da treffe ich immer Schüler, die draussen sind oder noch eine halbe Stunde auf dem Claraplatz schwatzen, wenn sie vom Sportklub nach Hause kommen. Wie im Süden halt.

Spazieren kann auch "in die Stadt gehen" heissen, dort "lädele", "fare il giro" auf dem Barfüsserplatz oder, wie das Andrzei beschrieben hat, ins Warenhaus gehen. Alle befragten neuzugezogenen SchülerInnen kennen die Warenhäuser. Sie finden dort einen halböffentlichen Raum vor, den sie, wenigstens solange sie keine Konventionen verletzen, auch benutzen können.

Ich konnte aber keine genaueren qualitativen Aussagen machen, wie ein Besuch in einem Warenhaus aussieht. 70% der fremdsprachigen Jugendlichen gehen mindestens einmal, aber bis zu viermal pro Woche ins Warenhaus. 35% der Mädchen gaben an, drei bis vier Mal pro Woche in ein Warenhaus zu gehen (vgl. Tab. 14, S. 121). 10% der fremdsprachigen SchülerInnen gaben in der schriftlichen Befragung an, dass sie, wenn sie sich draussen aufhalten, meistens im Warenhaus sind (vgl. Tab. 17, S. 122). Einkaufszentren haben Treffpunktcharakter. Die Warenhäuser bieten eine ganz eigene Erlebniswelt an, die speziell auf die Jugendlichen zugeschnitten ist. Sie spielen für die fremdsprachigen neuzugezogenen Jugendlichen im Bewegungs- und Freizeitmuster zwar sicher eine gewisse, aber nicht die dominierende Rolle, die den Warenhäusern gerne suggeriert wird (wie z.B. bei STEFFEN/WALDER 1993).

5.4.3 Freie Zeit und organisierte Freizeit

Spazieren braucht freie Zeit. Wenn die Freizeit eines Jugendlichen in erster Linie durch organisierte Freizeit geprägt ist, fehlt häufig die Zeit zum ungezwungenen "Spazieren". Einige Angaben aus der schriftlichen Befragung zeigen, dass die fremdsprachigen Jugendlichen kaum organisierten und institutionalisierten Freizeitbetätigungen nachgehen und wohl auch deshalb soviel Zeit zum Spazierengehen haben.

Nur zwanzig Jungen und sieben Mädchen gehen mindestens einmal in der Woche einer organisierten Freizeitbetätigung nach. Und nur 5% der befragten fremdsprachigen Jugendlichen sind in einem Verein.[26] Natürlich treiben viele der neuzugezogenen Jugendlichen Sport (vgl. Tab. 9 und 15, S. 119 und 121). 25% der neuzugezogenen fremdsprachigen Jugendlichen gaben an, in einem Sportklub zu sein. In erster Linie sind das bei den Jungen Kampfsport- und Fussballklubs (ein vorweggenommener Vergleich mit den Angaben der befragten Real- und SekundarschülerInnen soll helfen, diese Zahlen zu bewerten. Von ihnen sind 46% in einem Sportklub, bei den Jungen sogar 52%, und 30% der hier aufgewachsenen Jugendlichen sind in einem Verein).

Nur fünf Jungen der 99 befragten fremdsprachigen Jugendlichen gaben an, manchmal in einen Jugendtreff zu gehen. Mädchen gehen da gar nie hin. Organisierte Freizeitmuster spielen bei den neuzugezogenen fremdsprachigen Jungen eine *sehr* untergeordnete und bei den Mädchen *überhaupt keine* Rolle. Das gibt ihnen zum einen mehr "wirklich freie" Zeit, andererseits wissen sie besonders bei schlechtem Wetter oft einfach nicht, was machen. Sie sitzen dann zu Hause und sehen fern.

Sportklubs und Vereine würden den Jugendlichen die Möglichkeit bieten, Zugang zu Räumen zu finden, die sie nicht selber "erobern" und "verteidigen" müssen, sondern deren Anspruch in einer Mitgliedschaft mitgeliefert wird. Für die neuzugezogenen fremdsprachigen Jugendlichen wären sie zudem eine gute Chance, FreundInnen und Kontakt zum Leben in der Schweiz zu fin-

---

[26] Als Vereine bezeichne ich Organisationen wie Pfadi, Blauring, Musikschule, Kulturverein etc., im Gegensatz zum Klub, womit ich in erster Linie Sportklubs verstehe.

den. Gemeinsame Aktivitäten und Erlebnisse könnten Angst und Scheu auf beiden Seiten sehr gut abbauen (MÄDER et al. 1991). Aufgrund der Erfahrungen während der Untersuchung kann aber gesagt werden, dass Vereine oder Sportklubs keine Anstalten machen, neuzugezogene Jugendliche speziell anzusprechen. Sie haben kaum Zugang zu Vereinen und Klubs. Dies hemmt natürlich die Integration und schliesst die Jugendlichen vom Erwerb von bei uns gültigem Kulturkapital aus, was eine Schlechterstellung gegenüber in der Schweiz aufgewachsenen Jugendlichen weiter fördert (vgl. Kap. 2, BOURDIEU 1983, ZINNECKER 1988, ROSSE 1991, S. 44-50). Es braucht für die fremdsprachigen Jugendlichen deshalb eine grosse Motivation, sich den Anfangsschwierigkeiten, die sich bei einem Vereinsbesuch ergeben, zu stellen.

Lehrer:

Mir fiel auf, dass es in Basel ausser den schulischen Stellen keine AnsprechpartnerInnen für die neuzugezogenen fremdsprachigen Jugendlichen gibt, keine Institutionen, Vereine oder Klubs? Ja, wenn die Schüler z.B. in einen Sportverein wollen. Ich dränge sie dazu. Aber das sind riesige Schritte, die selten gelingen. Ich gehe auch immer wieder mit. Es braucht eine enorme Motivation, sich dieser neuen Umgebung zu stellen und all diese versteckten Repressionen über sich ergehen zu lassen. Nur in Fussballklubs sind einige Jugendliche. Sonst ist es selten. Fussballvereine sind sozial, und da gibt es italienische, jugoslawische und türkische. Sie gehen v.a. in Klubs, in denen ihre Sprache gesprochen wird und weniger in den FC Riehen oder Nordstern.

Lehrerin:

Wie versucht die Schule, die FSK wie die "Regelschule", den Integrationsauftrag oder -gedanken wahrzunehmen? Das ist ein grosses Thema. Man versucht ein Stück weit an Veranstaltungen teilzunehmen, die "gemischt" sind, Sporttag oder "Welt in Basel", einfach Sachen, an denen auch Schweizerkinder teilnehmen. Man versucht sie zu motivieren für Sportkurse, die wieder gemischt sind. Auch ausserhalb der Schule. Die LehrerInnenschaft versucht sicher auch, den SchülerInnen die schweizerische Kultur näherzubringen und zu erklären, was als Reaktion kommt. Sie erklären was passiert, welche Mechanismen ablaufen. *Sie haben vorhin die Sportkurse erwähnt. Gibt es Verbindungen mit ausserschulischen Institutionen, z.B. mit Vereinen, Pfadi, Blauring etc., damit vermehrt auch institutionalisierte Freizeitbereiche für neuzugezogene fremdsprachige Jugendliche angeboten werden?* Nein, ich glaube nicht, dass es so etwas gibt. Ich habe noch nichts dergleichen gehört. *Aber Basler Freizeit Aktion oder Pfadi ...?* Weiss ich gar nichts.

5.5 Die Antworten der Real- und SekundarschülerInnen: ein anderes Bild[27]

5.5.1 Angaben zu Alter, Geschlecht, Herkunft, Beruf der Eltern, Geschwister und Wohnsituation der Real- und SekundarschülerInnen

Das Alter der 94 befragten Real- und SekundarschülerInnen lag zwischen elf und siebzehn Jahren, wobei 78% zwischen dreizehn und fünfzehn Jahre alt waren. Die Geschlechterverteilung war fast ausgeglichen. 48 Mädchen standen 46 Jungen gegenüber (vgl. Tab. 2-4, S. 116). 81% der befragten SchülerInnen der Real- und Sekundarschulen sind SchweizerInnen. Die 19% AusländerInnen kommen v.a. aus der Sekundarklasse, in der elf der befragten zwanzig SchülerInnen aus dem Ausland stammen. In der befragten Realschulgruppe hatte es auch sechs AusländerInnen. Diese SchülerInnen sind alle mindestens schon vier Jahre in der Schweiz. Die meisten sind in der Schweiz geboren oder zogen im Kleinkindesalter zu. Ich zähle sie deshalb zu den 2. Generation-AusländerInnen, die in dieser Arbeit mit den SchweizerInnen eine Untersuchungseinheit bilden.[28]

Die Eltern der Real- und SekundarschülerInnen arbeiten meist in leitenden Positionen im weitesten Sinne.[29] Die daraus resultierenden ökonomischen Vorteile werden noch durch ein besseres Arbeitsplatzangebot gesteigert. 88% der Väter gehen einer Lohnarbeit nach (bei den fremdsprachigen SchülerInnen waren es nur 77% der Väter). Auch 75% der Mütter der Real- und SekundarschülerInnen gehen einer Lohnarbeit nach (gegenüber 58% der Mütter fremdsprachiger Jugendlicher). Ich vermute allerdings, dass sehr viele Mütter der Real- und SekundarschülerInnen, die einer Lohnarbeit nachgehen, eine Teilzeitstelle besetzen. Diese Stellen sind besonders im Dienstleistungssektor, in dem oftmals gute Deutschkenntnisse Voraussetzung sind, verbreitet. Vielen fremdsprachigen Frauen bleibt dieser Arbeitssektor verschlossen. Ihre Teilzeitstellen beschränken sich auf Reinigungsarbeiten (KILCHENMANN 1992, MÄDER et al. 1991).[30]

20% der befragten Real- und SekundarschülerInnen wachsen ohne Geschwister auf, und 50% haben nur eine Schwester oder einen Bruder. Die viel kleineren Familien, verbunden mit den

---

[27] Die folgenden Ausführungen der Wohn- und Freizeitsituation der befragten Real- und SekundarschülerInnen stützen sich ausschliesslich auf die Angaben aus der schriftlichen Befragung. Die im Anhang aufgeführten Tabellen, auf die bei der Besprechung der neuzugezogenen fremdsprachigen Jugendlichen verwiesen wurde, enthalten immer auch die Angaben zu den Real- und Sekundarschulen. Die genauen Zahlen können dort nachgeschlagen werden. Um den Bezug zu den neuzugezogenen fremdsprachigen Jugendlichen leichter zu erkennen, habe ich ihre Angaben in diesem Kapitel, z.T. als Wiederholung, auch miteinbezogen.

[28] Es darf dabei aber nicht vergessen werden, dass gerade auch Jugendliche der sogenannten 2. Generation, scheinbar assimiliert, noch stark in ihren kulturellen Herkunftskontext eingebunden sind (WALZ 1980, ESSINGER/HELLMICH/HOFF 1981, KOCH-ARZBERGER 1985, AUERNHEIMER 1988).

[29] Die Diversität der Berufe der Eltern war so gross, dass es keinen Sinn gemacht hätte, diese in Kategorien zu ordnen.

[30] Auf die unterschiedlichen Familienverhältnisse, die besonders bei den Schweizer Jugendlichen erkennbar waren und die auch eine andere Berufssituation von Vater und Mutter bedingen, kann in dieser Arbeit nicht eingegangen werden.

grösseren Wohnungen (33% leben in einer 4-Zimmer-Wohnung, 12% in einer 5-Zimmer-Wohnung), erklären die im Vergleich zu den neuzugezogenen Jugendlichen fast doppelt so hohe zur Verfügung stehende Wohnfläche (1,1 Zimmer/Person, gegenüber 0,65 Zimmer/Person bei den Familien der neuzugezogenen Jugendlichen).

38% der Mädchen und 24% der Jungen gaben an, jeden Tag im Haushalt mitzuhelfen. 65% helfen jedoch "manchmal" mit. Diese Zahlen verdeutlichen, wie stark im Gegensatz dazu die Hausarbeit im Leben der neuzugezogenen fremdsprachigen Mädchen verankert ist, von denen 75% jeden Tag im Haushalt mithelfen.

5.5.2 Kontakte zu FreundInnen

Wie sieht es nun mit den Freizeitaktivitäten und den Kontakten zu Freunden und Freundinnen aus? Die Tabellen 8 und 9 (S. 118 und 119) zeigen, dass Musik hören und fernsehen auch bei den Real- und SekundarschülerInnen zu den absolut beliebtesten Freizeitbeschäftigungen gehören, dass dazwischen, und das ist der grosse Unterschied zu den fremdsprachigen Jugendlichen, aber "FreundInnen treffen" als zweithäufigste Freizeitbeschäftigung steht. Bei den neuzugezogenen fremdsprachigen Jugendlichen ist das Treffen von FreundInnen erst auf Platz sechs zu finden. Von den Real- und SekundarschülerInnen haben 80% in der Woche vor der Befragung FreundInnen getroffen, wobei die Verteilung von Mädchen und Jungen genau gleich gross war. Erstaunlicherweise gaben die Real- und SekundarschülerInnen aber häufiger an, ihre Freizeit meist alleine zu verbringen, als die fremdsprachigen Jugendlichen (vgl. Tab. 16, S. 121). 15% der befragten Jungen und 13% der Mädchen der Real- und Sekundarschulen verbringen ihre Freizeit meistens alleine, d.h. obwohl die fremdsprachigen Jugendlichen über weniger Kontakt mit "FreundInnen" verfügen und ihre Freizeit auch weniger oft "meistens mit FreundInnen" verbringen, sind sie weniger alleine. Sie verbringen ihre Freizeit häufiger mit ihren Eltern und Geschwistern (vgl. Tab. 16, S. 121).

5.5.3 Fernsehen

Auch die Jugendlichen, die in der Schweiz aufgewachsen sind, sehen mit durchschnittlich zwei Stunden pro Tag viel fern (vgl. Tab. 12, S. 120). Auffallend war, dass 30% der Mädchen der Real- und Sekundarschulen am Tag vor der Befragung nicht ferngesehen haben (bei den fremdsprachigen Mädchen war es eines). Dies ist für mich ein direkter Hinweis darauf, dass die Freizeitgestaltungsmöglichkeiten der in der Schweiz aufgewachsenen Mädchen bedeutend vielfältiger sind als die der Neuzugezogenen.

Krimis und Horror-Filme werden von den Jungen gerne geschaut. Lustige Filme und Spielfilme spielen als Lieblingsfilme eine eher kleinere Rolle. Vorabendsendungen stehen bei den Real- und SekundarschülerInnen sehr hoch im Kurs. 33% gaben sie als Lieblingssendung an.

Wer sich diese Vorabendsendungen ansieht, kriegt viele Erklärungen für die heute unter Jugendlichen gängigen Verhaltensmuster. Es sind meist Filme aus Amerika, die von erfolgreichen jungen Menschen handeln, die auch in die Schule gehen, in reicher Umgebung leben und welche die Kleider tragen, die bald auch bei uns "in" sein werden. Dazu werden darin die Rollenmuster vorgeführt, die Jugendliche, um in dieser Welt erfolgreich zu sein, einnehmen müssen. Damit beeinflussen sie auch das Raumverhalten. Diese Sendungen sind die Message-Träger der neuen mittelständischen Jugendszenen und geben Antworten auf die "grossen" Probleme, die während der Pubertät auftreten können (vgl. Tab. 13, S. 120).

5.5.4 Musikstil, Jugendidentität und Gruppenzugehörigkeit

Bevor ich mit den Ausführungen zur Freizeit der Real- und SekundarschülerInnen fortfahre, möchte ich einige Überlegungen über Jugendkulturrichtungen und -identitäten vorausschicken, da sie in dieser Arbeit noch nicht besprochen wurden, aber die Freizeitaktivitäten nachhaltig beeinflussen.

In den 50er Jahren wurde in den USA "Jugend" neu als kapitalistisches Konzept entwickelt. Obwohl damit in erster Linie das Ziel verfolgt wurde, neue Märkte zu eröffnen, liess dieses bis in die heutige Zeit anhaltende, fortwährende "Erfinden" von Jugendtrends zur Absatzsteigerung immer auch Platz für progressive und antikapitalistische Strömungen. *"Insofern war es auch als Gegenbeispiel zu allen Thesen von der totalisierenden Wirkung des Kapitalismus zu gebrauchen."* (DIEDERICHSEN 1993, S. 261). Die verschiedenen Jugendkulturrichtungen, besonders aber die "progressiv-anarchistischen", wurden immer wieder von Leuten untersucht, die in ihnen Ideen von Dissidenz und Rebellion als Utopie formulierten: z.B. von CLARKE et al. (1976) und WILLIS (1979), zwei Vertretern des "Center for Contemporary Cultural Studies (Birmingham)". Sie untersuchten - in einer meines Erachtens heute nicht mehr zulässigen Vereinfachung - die männliche Seite subkultureller "working-class" Jugend und trugen zu einer Dichotomisierung der Jugend bei im Stil von: die "guten Bösen" gegen die "bösen Guten" (vgl. dazu auch ZINNEKKER 1986, S. 124).

Diese Ideen verlieren spätestens seit Beginn der 90er Jahre zunehmend an Tragfähigkeit.[31] In den Dresscodes und den Inhalten der Musik der 90er Jahre ist die "heilige Auflehnung" der Linken, wie noch in den späten 60er und 70er Jahren, nicht mehr selbstverständlich inbegriffen. In den Fernsehübertragungen der Krawalle gegen AsylantInnen in Deutschland haben einige der AngreiferInnen Malcolm-X-Kappen getragen, und *"langhaarige Dinosaur-jr. Typen, Homies mit allen Arten von Kappen, bunte Techno-Typen"* huschten durch die Dunkelheit (DIEDERICHSEN 1993, S. 254). Es handelt sich um Jugendszenen, von denen bislang angenommen wurde, dass ihre Rebellion eher auf der politisch linken Seite ihren Ausdruck findet und nicht in rassistischen

---

[31] DIEDERICHSEN (1993) versucht anhand der Pop-Kultur eine allgemeine Theorie der Dissidenz zu entwickeln, die sorgfältiger auf die neuen Tendenzen, v.a. aus dem Musikbereich, eingeht.

Angriffen auf AsylantInnenheime. Eine weitere Gefahr, die Diederichsen in bezug auf die Hip-Hop und Rap-Kultur beschreibt, ist die, dass der Slogan "Black Nation" der "5%^{er}" - tribalistische Elitetruppe des Black Nationalism - welche das Rap- und Hip-Hop-Geschäft an der Ostküste der USA beherrschen, hier mit "Nation" übersetzt wird. Das wird besonders gefährlich, wenn es für Jugendliche und Intellektuelle salonfähig wird, politisch wieder "rechts" zu stehen.

Die Diversifizierung innerhalb der Musik- und Jugendszenen hat in den 80er Jahren und besonders auch in den ersten drei Jahren der 90er Masse angenommen, die nicht mehr von "Jugendkulturen" (ausser der grossen Konsum-Kultur), sondern eher von immer schnellebigeren "Jugendidentitäten" sprechen lassen (DIEDERICHSEN 1993, S. 259/260), deren politischer Ausdruck nicht mehr ohne weiteres geortet werden kann. Diese Identitäten kommen meist aus den USA. Was sich zur Zeit in der ganzen westlichen Welt beobachten lässt, *"ist die Zuspitzung der Bewaffnung mit Identitäten und immer mehr Ausbrüche von Identitätskriegen, die im Gegensatz zu früheren Style-wars nicht nur semiotisches Territorium umkämpfen."* (DIEDERICHSEN 1993, S. 260). Es wird zunehmend handfester gehandelt.[32] Jugendidentitäten *"definieren sich in erster Linie über den Musikstil, fast ebenso wichtig ist das Styling, die Kleider. Diese Codes - neben weiteren wie Begrüssungsritualen, bestimmte Wörter - ermöglichen es, dass sich die Jugendlichen sofort erkennen können. Die Haltungen oder Ideologie dieser Gruppen definieren sich meist negativ, in Abgrenzung zu anderen, was fast zwangsläufig auch zu Konflikten führt. Die Szenen sind aber auch kreativer Ausdruck einer eigenen Kultur und Befindlichkeit."* (STEFFEN/ WALDER 1993, S. 25).

Ich versuchte mit der Frage nach den bevorzugten Musikstilen eine mögliche Affinität zu Jugendidentitäten zu ermitteln (vgl. Tab. 19, S. 122).

- "Musik aus der Heimat" besitzt für die fremdsprachigen Jugendlichen einen sehr hohen Stellenwert. Ob diese Musik nun aber eher als Volks-, Pop-, Schlager- oder Rockmusik zu bezeichnen ist, konnte ich mit dieser Frage nicht eruieren.

- Rock- und Disco-Musik zähle ich zu den sogenannten Indifferenten-Stilen. Sie werden nicht von einer bestimmten Jugendgruppe besonders bevorzugt, d.h. wenn diese als Musik, die er oder sie besonders gern hört, angegeben wurde, gehe ich davon aus, dass kaum ein Bezug zu einer via Musik definierten Jugendidentität besteht.

---

[32] DIEDERICHSEN bezeichnet die Ausschreitungen gegen AusländerInnen in Rostock, Mölln und Solingen als die Zuspitzung der Bewaffnung mit Identitäten und gibt Konzerten, Festivals und Raves, *"die zwar noch nicht an die Rechten gefallen sind, aber in Zeiten des falschen Zusammenbruches von Ordnung einen protofaschistischen Zusammenhang bekommen haben"*, dafür eine Mitschuld (1993, S. 260).

- Eine klare Identität und eine Gruppenzugehörigkeit manifestiert sich im Hip-Hop und der Rap-Musik, die besonders von den unzähligen Schattierungen der Homeboy-Szene, den Streetgangs und auch den Skatern gerne gehört wird.

- Techno, die Musikart, die sich im Moment am schnellsten entwickelt, wird besonders in ihrer Pop-Charts-Ausprägung von den eleganteren und weniger "harten" Jugendlichen bevorzugt, denen teure Markenkleider und gutes Aussehen wichtig ist.

- Grunge ist eine dem Heavy-Metal verwandte, harte, schnelle und zur Zeit sehr populäre Rockmusik aus den USA (z.b. Nirvana, Soundgarden, Faith No More). Grunge ist die Musik, in der, wie auch im Hip-Hop, im Moment am ehesten noch eine kollektive Auflehnung gegen die bürgerliche Moral zu finden ist. Grunge-Fans sind bei SnowboarderInnen, SkaterInnen und in zunehmendem Masse bei Jugendlichen in Gymnasien zu finden.

- Unter "Anderes" fielen klassische Musik und Reggae.

Die Real- und SekundarschülerInnen zeigten bei den von mir als jugendgruppentypisch bestimmten Musikstilen Rap (zusammen mit Hip-Hop) und Techno eine hohe Affinität (31%). Der "Grunge" fiel erstaunlicherweise ab. Ich vermute, dass in die Rubrik Rock auch Genres wie dem Grunge verwandte Hardcore, Speedmetal, etc. fielen und deshalb die Nennungen bei Grunge so gering sind, resp. die Nennungen des Rock so hoch. Die jugendgruppenmässig indifferente Disco-Musik ist dagegen sehr beliebt. Aus den Zahlen in Tabelle 19 (S. 122) lässt sich vorsichtig schliessen, dass sich rund die Hälfte der befragten Real- und SekundarschülerInnen mit den in der Schweiz zur Zeit gängigen neuen Jugendstilen (in erster Linie Rapper, Homeboys, Techno-Freaks und Grunge-Fans) identifizieren.

Erstaunlicherweise zeigten die Antworten auf die Frage "Bist du in einer festen Gruppe, Bande oder Gang?", dass sich die eigene Einschätzung, ob sich die SchülerInnen als Mitglied einer festen Gruppe betrachten, bei beiden Untersuchungsgruppen nicht unterscheidet. Die Real- und SekundarschülerInnen bezeichnen sich, trotz der in der Musik sichtbar stärkeren Orientierung an den gängigen Jugendstilen, nicht häufiger als die neuzugezogenen fremdsprachigen - SchülerInnen einer Gruppe, Bande oder Gang zugehörig (vgl. Tab. 20, S. 123).

Bei meinen Beobachtungen der fremdsprachigen SchülerInnen im Klingentalschulhaus konnte ich kaum eine spezielle Jugendgruppenzugehörigkeit anhand der Kleider ausmachen. Auch die Affinitäten via Musik lassen nicht auf eine typische Stilverbundenheit schliessen. Ihre Peer-Group-Bildung läuft in erster Linie in den Klassen innerhalb der Nationen oder in der Familie und Verwandschaft ab. Die neuzugezogenen fremdsprachigen Jugendlichen leben nicht nach den Jugendkulturmustern, denen die grossen Gruppen der in der Schweiz aufgewachsenen Jugendlichen anhängen und die ideell und räumlich auch manifest sind. Dies kann für die neuzugezogenen Jugendlichen ein eingeschränktes Raumbesetzungspotential nach sich ziehen. Das heisst, dass die neuzugezogenen fremdsprachigen Jugendlichen nur einen sehr marginalen Zugang zu

Räumen haben, die von sich abgrenzenden Jugendgruppen benutzt werden. Die neuzugezogenen fremdsprachigen Jugendlichen, die sich hier nicht auf ein verwandtschaftliches oder national definiertes Netz stützen können, laufen sehr grosse Gefahr, keinen Zugang zu den für die Jugendlichen wichtigen Peer-Groups zu bekommen und z.T. regelrecht zu vereinsamen. Das Nichteingebundensein in Jugend- oder Verwandtschaftsgruppen ermöglicht es aber auch, Orte und Plätze aufzusuchen, die von einer bestimmten Gruppe aus Image- oder Abgrenzungsgründen abgelehnt wird (z.b. Kinderspielbereiche in Parks) und so ein ungezwungenerer Umgang mit dem Raum und den anwesenden Menschen möglich ist.

5.5.5 Aussenaktivitäten - organisierte Freizeit

Obwohl 70% der Jungen und Mädchen der Real- und Sekundarschulen in ihrer Freizeit lieber draussen sind als zu Hause, konnte ich keine "Aussenraumaktivität" erkennen, die, wie bei den Fremdsprachigen das Spazieren, eine dominante Funktion übernommen hätte. 60% gaben an, in der Freizeit in die Stadt zu gehen. 25% verbringen ihre Freizeit, wenn sie draussen sind, meistens auf einem Platz in der Stadt oder sind am Spazieren und durch die Strassen laufen. 20% verbringen ihre Freizeit draussen meistens in einem Warenhaus (26% der Jungen und 13% der Mädchen). 57% sind mindestens einmal, aber bis zu viermal in der Woche in einem Warenhaus (vgl. Tab. 8-11, 14-16 und 24, S. 118-124). Wie bereits angesprochen, ist die Freizeit der Real- und SekundarschülerInnen viel stärker organisiert und findet in institutionalisierten Rahmen statt. 34% spielen ein Instrument (44% der Mädchen und 24% der Jungen). 46% sind in einem Sportklub (40% der Mädchen und 52% der Jungen). In einem Verein sind 29% der SchülerInnen.

5.6 Kontakt zwischen neuzugezogenen fremdsprachigen und in der Schweiz aufgewachsenen Jugendlichen

Hatice und Lumturije:
Würdet ihr eigentlich gerne mehr Freundinnen haben oder in einen Verein gehen? (Hatice) Ja, mehr Freundinnen ist gut, aber es sollten nicht alles Türkische sein. Wenn alles Türkische sind, ich kann nicht Deutsch sprechen und ich vergesse alles. *Deutschsprechende Freundinnen hast du nicht, die du in der Freizeit triffst?* Nein, ich kenne keine, die Deutsch sprechen, ich habe alles Türkische und Jugoslawische, aber ich möchte auch, dass Schweizerkinder meine Freunde sind. Aber ich habe keine. *Wie ist das bei dir Lumturije, hast du Schweizer Freundinnen?* Ja, ich habe zwei, die gehen auch hier in die Schule. Ich habe auch Albanische, aber, weil wenn ich mit Skurthe oder Florime spreche, wir sprechen vielleicht einmal Deutsch, weil ich kann nicht immer Albanisch sprechen, sonst vergesse ich alles Deutsch.

Timea:
Bist du in der Freizeit eigentlich mit Schweizerinnen zusammen? Nein, Ausländer. *Von wo?* Jugoslawische. *Und würdest du gerne mehr Schweizerinnen kennenlernen?* Nein, also ist egal. Ich kenne sowieso ein paar.

Viele der neuzugezogenen fremdsprachigen Jugendlichen hätten gerne mehr Kontakt zu jungen SchweizerInnen. In der schriftlichen Befragung sagten 53%, sie hätten Kontakt zu SchweizerInnen, und 58% meinten, dass sie gerne mehr Kontakt zu SchweizerInnen hätten. Bei den Real- und SekundarschülerInnen sind es 48%, die Kontakt zu neuzugezogenen fremdsprachigen Jugendlichen haben. 56% der Mädchen haben keinen Kontakt, und gleichviel möchten mehr Kontakt. Beide Gruppen haben dennoch einen hohen Anteil an Jugendlichen, die mit der anderen Gruppe nicht unbedingt in Kontakt treten möchte. Haben sie zu hohe Erwartungen, weil sie noch nie die Gelegenheit hatten, sich kennenzulernen? Wurden schlechte Erfahrungen gemacht oder treffen sie sich einfach nicht, weil z.B. in den Vereinen und Sportklubs kaum neuzugezogene Jugendliche sind? Sehr interessant waren einige Hinweise, die von Real- und SekundarschülerInnen auf den Fragebogen notiert wurden, wenn sie "Nein, ich möchte nicht mehr Kontakt zu fremdsprachigen SchülerInnen", angekreuzt haben:
- *"Ich will nicht, dass man mich für ausländerfeindlich hält."*
- *"Nein, aber ich bin kein Rassist."*
- *"Aber das heisst noch lange nicht, dass ich etwas gegen Ausländer habe."*

Die Jugendlichen aus dem Gellert-Quartier, in dem wenig ausländische Familien und sicher nur ganz wenig neuzugezogene GastarbeiterInnenfamilien wohnen, lernen über das Schulumfeld, das ja in den allermeisten Fällen auch den FreundInnenkreis stellt, kaum ausländische Jugendliche kennen. Umgekehrt gehen junge SchweizerInnen auch in das Klingentalschulhaus zur Schule, und in Kleinbasel leben neben den ausländischen auch viele Schweizer Familien. Die Kinder dieser Familien treffen sich natürlich auf den Spielplätzen, z.B. im "Robi-Horburg" oder auf der Strasse (vgl. Tab. 21 und 22, S. 123).

5.7 Orte

5.7.1 Parkanlagen

Bei der Betrachtung der Streifraumbeschriebe der SchülerInnen der FS 3 und aus den Gesprächen wurde deutlich, dass von den neuzugezogenen fremdsprachigen Jugendlichen ausser den Parkanlagen und Schwimmbädern (saisonal) keine institutionalisierten, eigentlich öffentlich zugänglichen Orte besucht werden. Parkanlagen sind die einzigen frei zugänglichen Grünflächen mit Spielmöglichkeit im Quartier, die ohne Begründung benutzt werden dürfen und in denen ohne Sprach- und Verständigungsprobleme ein Aufenthalt möglich ist. Als Inseln mit hoher Aufenthaltsqualität sind sie auch Fluchtpunkte, um sich auszuruhen, und Orientierungspunkte ("Sie wohnt hinter dem Park." "Das Geschäft ist gleich beim Park").

Ich möchte an dieser Stelle kurz die Parkanlagen, als die neben dem Strassenraum wichtigsten öffentlich zugänglichen Frei- und Grünflächen des Gebietes, in dem die fremdsprachigen Jugendlichen wohnen, vorstellen. Das "Grün" ist in erster Linie eine Wiese, die mehr oder minder mit Bäumen oder Hecken gesäumt ist.[33] In Kleinhüningen ist die Wiese mit Spielplatz zwischen Pfarrgasse und Schulgasse der einzige öffentlich zugängliche Grünbereich. In Klybeck-Nord ist das "Ackermätteli" ebenfalls der einzige Ort, der diese Funktion innehat. Der Horburgpark im Gebiet Klybeck-Süd ist die grösste zusammenhängende Grünfläche Kleinbasels. Er war früher ein Friedhof und ist heute eine *"öffentliche Grünanlage mit Spielplatz. Fussballfelder, Kinderspieleinrichtungen und Tischtennisanlagen gehören zur Ausstattung. Der Horburgpark wird auf drei Seiten von Bauten der chemischen Industrie umschlossen."* (ROSSE 1991, S. 66). Die Dreirosenanlage ist (mit dem nicht immer zugänglichen Sportrasen zusammen) dreimal kleiner als der Horburgpark. Sie wurde 1927 angelegt. *"Auf zwei Seiten wird die Anlage von sehr stark befahrenen Strassen begrenzt. Unmittelbar neben der Grünanlage liegt zudem ein Schulhaus."* (ROSSE 1991, S. 66). Nordöstlich davon, mitten im Matthäus-Quartier, liegt rund um die Matthäuskirche der gleichnamige Park. Eine Anlage, die ungefähr so gross ist, wie der östliche Teil der Dreirosenanlage. Auch der Matthäuspark liegt direkt neben einer Schule und erfüllt nicht nur für Kinder und Jugendliche, sondern auch für Erwachsene eine wichtige Treffpunktfunktion. Er ist, wie die Claramatte, die noch weiter südlich in der Nähe des Claraplatzes gelegen ist, nicht eine reine Grünfläche. Ein Drittel der gesamten Fläche der Claramatte, so schätze ich, hat aber sogenannt weichen Boden (v.a. im westlicheren Spielplatzbereich). Die Kasernenwiese ist erst vor kurzem nach einem Umbau, der der ganzen Kasernenanlage sehr gut getan hat, neu "eröffnet" worden.

---

[33] Unter Grünflächen verstehe ich in erster Linie nicht versiegelte Bereiche, die eine Nutzung erlauben. Baumalleen z.B. entlang der Müllheimerstrasse, zähle ich genau so wenig zu Grünflächen, wie die Blumenrabatten z.B. am Erasmusplatz. Problematisch scheint mir auch, z.B. den Mergel-Schotter Bereich des Matthäusplatzes, obwohl nicht versiegelt, zu den Grünflächen zu zählen. Aus der Nutzung der Grünflächen von Jugendlichen hat sich bei mir folgende Vorstellung von Grünfläche durchgesetzt. Eine Grünfläche ist ein Ort mit "weichem" Boden, der bei einem Sturz nicht zwingend eine Wunde hinterlässt, sondern Schmutzspuren.

In der schriftlichen Befragung gaben 70% aller SchülerInnen an, in der Woche vor der Untersuchung in einem Park gewesen zu sein. Genannt wurden in erster Linie der Horburgpark (31), der Matthäusplatz (14), die Dreirosenanlage (12) und der Claraplatz (14). Aber auch die Claramatte wird rege genutzt. Die grosse Zahl fremdsprachiger SchülerInnen, die angaben, manchmal in einen Park zu gehen (61%), wird noch verstärkt durch diejenigen, die angaben, dass sie meistens in einem Park sind, wenn sie in ihrer Freizeit draussen sind (55%) (vgl. Tab. 9, 15, und 17, S. 119, 121 und 122).

Bei den Real- und SekundarschülerInnen ist der Aufenthalt in Parks viel geringer. Das hat aber auch mit ihrer Wohnlage in Basel zu tun. Im Gellert-Quartier, mit seiner lockeren Bebauung und den grossen Gärten, ist der Druck, z.B. in den Schwarzpark (grosse Parkanlage im Gellert-Quartier) auszuweichen, sicher nicht so gross wie in Kleinbasel. 33% der Real- und SekundarschülerInnen gehen manchmal in Parks, und 14% gehen meistens in einen Park, wenn sie draussen sind.

Bei meinen Begehungen im Quartier, anhand denen ich im Sommer und Herbst in allen Parkanlagen der Wohngebiete der neuzugezogenen fremdsprachigen Jugendlichen Beobachtungen durchführte, fiel mir auf, dass die Parks in allererster Linie von AusländerInnen benutzt werden.

An einem heissen Tag im Sommer sind - nördlich der Clarastrasse - der Matthäusplatz, die Claramatte, der Horburgpark, die Dreirosenanlage und das Ackermätteli in Kleinbasel, abgesehen von der Rheinpromenade, die einzigen öffentlich zugänglichen Orte, an denen es möglich ist, sich zu entspannen, ungestört zu verschnaufen und sich hinzusetzen. Drei Auszüge aus den Begehungen und Beobachtungen sollen zeigen, wie diese Parks benutzt werden. Die Parkanlagen sind auf der Karte 1, S. 52 eingezeichnet. Auf der Karte 5, S. 90 sind die Parks, die ich an dieser Stelle beschreibe, mit einer Nummer versehen: 1. Claramatte, 2. Horburgpark, 3. Ackermätteli, 4. Dreirosenanlage.

5.7.1.1 Claramatte

Die Claramatte, die einzige parkähnliche Freifläche zwischen Clarastrasse und Feldbergstrasse östlich der Klybeckstrasse, liegt zwischen Drahtzug-, Hammer- und Klingentalstrasse. Sie ist unterteilt in einen Spielplatzbereich und einen "Erwachsenenbereich". Im Spielplatzbereich, mit seinen mehr oder minder tollen Spielgeräten, hatte es am Tag der Begehung viele, ausschliesslich ausländische Kinder. Frauen sitzen auf den Bänken, eine stillt ihr Bébé. Männer lesen oder reden miteinander. Zehn Frauen aus Ex-Jugoslawien sitzen hinter mir in einem Kreis im Gras und diskutieren miteinander. Sie haben ihre Kinder und die "Lismete" dabei. Fünf türkische Frauen sitzen in ihre Kopftücher gehüllt auf der anderen Seite des Spielplatzes im Gras und stricken. Auch ihre Kinder sind hier am Spielen. Dass die Frauen nicht auf den Bänken sitzen, sondern neben den Bänken am Boden, ist sehr bezeichnend, wie bei uns solche Plätze angelegt werden. Die Bänke sind in einem weiten Rund um den Spielplatzbereich herum aufgestellt, so dass immer drei Mütter auf einer Bank sitzen und ihre Kinder beaufsichtigen könnten. Auf den Bänken können die Frauen aber nicht im Kreis sitzen und miteinander sprechen, dazu sind sie zu weit auseinander. Das Rondell, in dem das möglich wäre, ist am anderen Ende des Parks. Es ist von Männern besetzt, die Karten spielen. Unter den vielen, grossen Platanen ist es an diesem heissen Nachmittag angenehm schattig. Der Spielwagen der Pro-Juventute ist Zeichen dafür, dass manchmal Spielplatzanimation für Kinder stattfindet. Im kleinen Teich mit dem grossen Frosch aus Stein waten Kinder herum, einige baden. Es herrscht ein wildes Treiben. Zwei Jungen spielen mit einem kaputten Spielgerät. Sie brauchen einen alten Autoreifen mit einer Kette als Schlitten. Es geht aber nicht so recht. Die Kinder spielen nicht mit den "offiziellen" Spielgeräten, sondern es werden Bretter rumgeschmissen, in den Teich geworfen. Kinder rennen herum, fahren Fahrrad. Es hat tamilische und indische Kinder. Kleinkinder von drei bis sechs Jahren und ältere bis ca. elf Jahre. Am Pingpong Tisch sitzen fünf Jugendliche, die ungefähr vierzehn Jahre alt sind. Sie reden miteinander. Auf den Schaukeln, Rittiseili und Klettergerüsten ist niemand. Der Sandkasten sieht aus wie ein Hundeklo. Neben mir auf der Bank sitzen drei Generationen einer Familie aus Ex-Jugoslawien: Grossmutter, Mutter, Vater, Kind. Der Mann gibt dem Bébé den Schoppen. Es hat nur AusländerInnen im Park. Die Leute nehmen den Platz so wie er ist, trotz der schlechten Ausstattung, obwohl die Wiese in einem miserablen Zustand ist und der Unterhalt allgemein besser sein könnte. Es hat ungefähr 70 Leute im Park. Die Kinder scheinen sich wohlzufühlen, und immer noch wird kein Spielgerät gemäss seiner eigentlichen Funktion benutzt. Jetzt schlagen sich zwei Jungen. Der grössere Bruder des einen schlägt natürlich dem andern sofort auf den Kopf, worauf ein Dritter diesem in den Hintern tritt und sofort eine Macho-Haltung einnimmt. Die Jungen kopieren die erwachsenen Männer blendend.

Ein Angestellter der Stadtgärtnerei kommt und füllt den Weiher mit frischem Wasser wieder auf. Im vorderen Teil des Parks bei der Hammerstrasse sitzen türkische Frauen und Männer. Ein Junkie träumt. Ältere Schweizer Frauen, die in Begleitung einer Betreuerin aus dem nahen Altersheim gekommen sind, haben sich auch niedergelassen. Die Betreuerin kauert hinter der Bank, leicht verdeckt, und schaut den Alten über die Schulter. Sie ist nicht richtig Teil der Gruppe, sondern zeigt mit ihrer Haltung, dass sie hier arbeitet und sich nicht ausruht. Das Hundeklo stinkt erbärmlich. Der Verkehr, der Gestank und der Lärm, die mir beim Verlassen des Parkes an diesem heissen Sommernachmittag entgegenschlagen, zeigt noch einmal mit aller Deutlichkeit, wie wichtig diese Parks mit den schattenspendenden Bäumen in diesen belasteten Quartieren sind.

5.7.1.2 Horburgpark

Der Horburgpark ist ein ehemaliger Friedhof, an den der sehr schöne Baumbestand noch erinnert. Der Park kann in drei Bereiche gegliedert werden. Der eine ist der eigentliche Parkbereich, ein zweiter der "Robinson-Spielplatz Horburg" und der dritte ist ein Fussballspielbereich, der von 3m hohen Zäunen umgeben ist und der nur durch Drehgittertore betreten und verlassen werden kann. So kann genau kontrolliert werden, wer reinkommt und wer geht. Dieser Teil der Anlage gleicht eher dem Grünbereich eines Gefängnisses als einem Spielort, der freiwillig aufgesucht wird. In diesem Teil liegt aber der weit und breit einzige Ort im Quartier, auf dem Fussball gespielt werden kann, und doch ist an diesem Nachmittag der eingezäunte Fussballplatz leer. Er scheint mir besser für Aktivitäten in der Dämmerung geeignet: zum rumhängen, kiffen, Graffiti malen, schmusen und kämpfen.

Der "Robinson-Spielplatz" ist zum Zeitpunkt dieser Begehung geschlossen. Er ist ein richtiger Abenteuerbereich mit Schaukeln, Brettern, Hütten, Spiel- und Werkmöglichkeiten. Drei Jungen sind über den mit Spitzen bewehrten Zaun geklettert. Sie sind jetzt zurückgeklettert, zu Ali, wie sie ihn gerufen haben. Er kam nicht über den Zaun. Vielleicht hatte er Angst. Er sagte: "Hier ist es nicht schön." Die anderen waren nicht gleicher Meinung: "Doch, hier ist es schon schön". Sie sind etwa elf, zwölf Jahre alt und klettern nicht zum ersten Mal über den Zaun, was übrigens immer mit der Gefahr verbunden ist, sich ernsthaft zu verletzen. Aber wenn der Robi geschlossen ist, müssen die, die hinein wollen, einen andern Weg finden, um zu dem Schiff, den Reifen und Rutschen, zu den grossen Gestellen und Bäumen, zu dem wilden Ort zu finden.

Die Pinien geben dem Park fast eine mediterrane Ausstrahlung. Bei einer anderen Begehung habe ich in den Sommerferien Jugendliche aus Sri Lanka, die an der Immengasse wohnen, im Robi-Horburg getroffen. Sie haben bei einem Fragebogen-Pre-Test mitgemacht. Sie kommen aus dem St. Johann hierher, in ein anderes Quartier, um auf dem Robi zu spielen oder etwas zu werken. Bei einer anderen Begehung ist der Robinson-Spielplatz geöffnet, und sehr viele Kinder und Jugendliche schreien herum ("Christiano, du Schwule"), rennen einander nach, verfolgen sich mit Brettern und klettern auf die Türme. Es hat bedeutend mehr Kinder im Robi als im Park. Jetzt kommen noch fünf, die vorher auf der Wiese gekämpft haben. Zwei Türkenjungen fahren mit den Rollschuhen von dem Hügel im Park hinunter. Sie sind noch sehr unsicher und retten sich immer mit einem Sprung ins feuchte Gras, was natürlich schmutzige Hosen gibt, die sie nun versuchen zu reinigen. Hinter mir werfen die Jungen die Mädchen von der Startrampe der Stahlseilreifenrutsche. Soeben hat ein Junge im schönsten Kleinbasler Dialekt gesagt: "Bin ich etwa ein Mädchen und habe Angst wenn ich schmutzig werde, dafür gibt es eine Waschmaschine". Im Robi hat es nur wenige Mädchen. Jüngere sitzen an einem Tisch und malen. Eigentlich ist auch dieser geschützte Abenteuerraum für die mindestens 30 Kinder und Jugendlichen sehr klein. Von der Wiese her machen sich türkische Mädchen auf den Weg zur Rutschbahn. Dort sind immer Mädchen, die mit ihren kleinen Geschwistern spielen.

5.7.1.3 Ackermätteli

Beim Brunnen, an der Ecke zur Ackerstrasse, stehen vier Mädchen und drei Jungen, die ungefähr vierzehn bis sechzehn Jahre alt sind. Sie versuchen sich gegenseitig mit einem Stück Spiegel und der Abendsonne zu blenden. Auf der Wiese sitzen viele Väter, die auf ihre Kinder aufpassen. Auf der anderen Seite der Wiese sitzt eine Gruppe türkischer Frauen. Dahinter, beim Spielwagen, spielen Männer Boule. Auf der Wiese rennen drei Jungen und fünf Mädchen herum, fahren Fahrrad und spielen Fussball. Die Jugendlichen beim Brunnen spritzen sich jetzt mit Wasser an. Sie halten sich nicht im Zentrum, sondern am Rand dieses Freiraums auf. Dort haben sie ihren Platz. Von der Gruppe zieht ein Mädchen verärgert ab. Sie wurde angespritzt. Eine Freundin setzt sich zu ihr. Sie sprechen Deutsch, was aber nicht ihre Muttersprache zu sein scheint. Es ist sehr friedlich hier, nur die Jungen präsentieren sich in ihrem Macho-Gehabe und machen die Mädchen an. Bei den Schaukeln spielen zwei Mädchen mit ihren kleinen Geschwistern, beim Pingpongtisch sitzen vier Jugendliche, kleine Kinder und Erwachsene.

Ein Junge blendet die Mädchen jetzt wieder mit dem Spiegel, und alle lachen und sitzen zusammen um eine Bank herum. Erstaunlich ist, wie sich verschiedene Nationen, verschiedenste Alter diesen Platz teilen und sich wohlzufühlen scheinen. Die Jugendlichen brauchen Platz zum "Rumhängen". Um nichts zu tun und sich gegenseitig näherzukommen, braucht es Platz. Hier ist er in einem gewissen Rahmen gegeben.

Karte 5

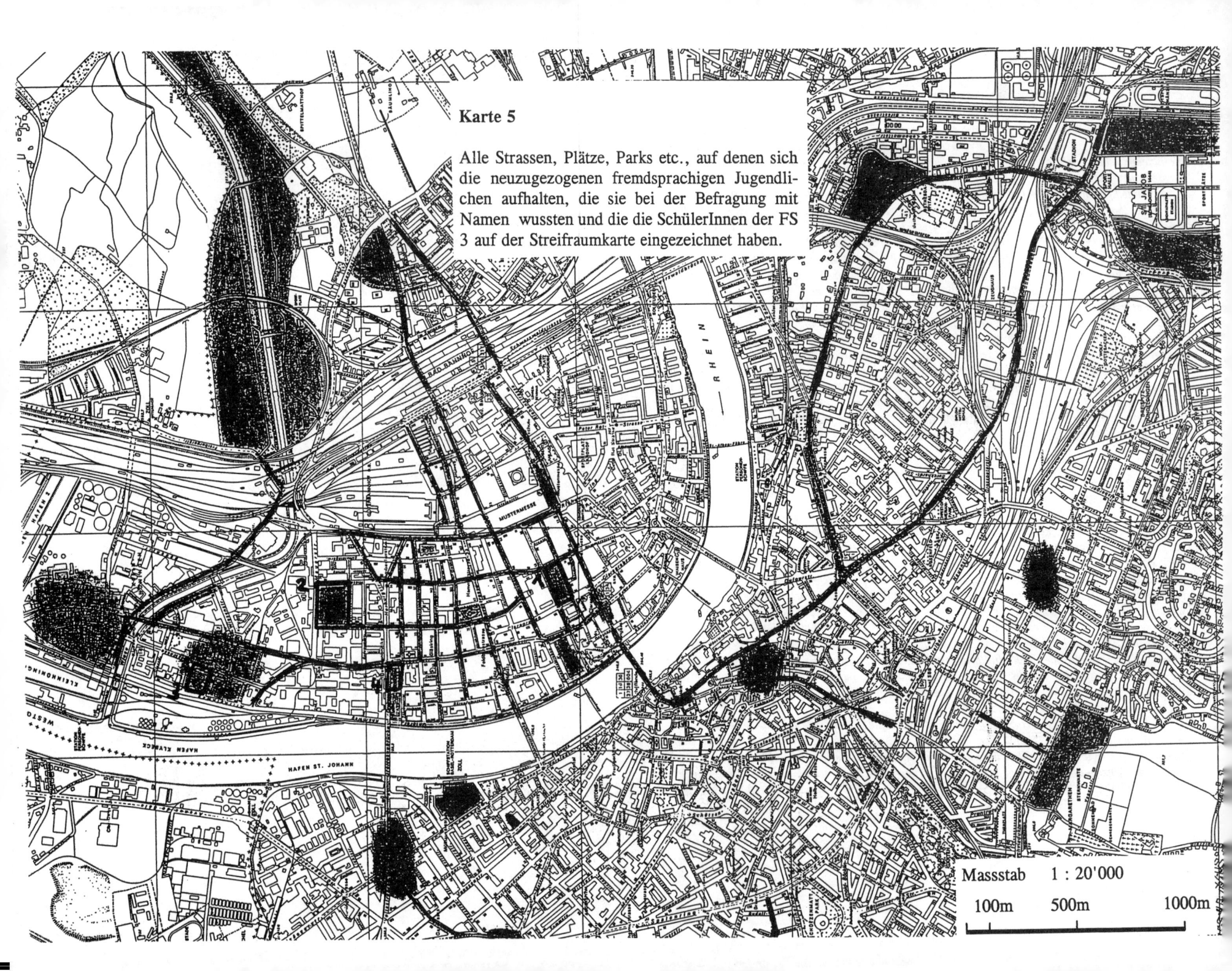

Alle Strassen, Plätze, Parks etc., auf denen sich die neuzugezogenen fremdsprachigen Jugendlichen aufhalten, die sie bei der Befragung mit Namen wussten und die die SchülerInnen der FS 3 auf der Streifraumkarte eingezeichnet haben.

Massstab 1 : 20'000

100m 500m 1000m

5.7.2 Schwimmbäder

Schwimmbäder werden von allen befragten Jugendlichen enorm geschätzt. Sie sind prima Treffpunkte. Ich sehe in den Schwimmbädern eine spezielle Form von Parkanlage mit ausgedehnter Nutzung. Sie sind, gegen eine in Basel aber nicht sehr hohe Eintrittsgebühr, frei zugänglich und erlauben, wie in Parkanlagen, jugendgerechte Spiel- und Kommunikationsmuster. Dazu können Jugendliche sich hier einmal genau betrachten, was gerade denjenigen, die aus Ländern mit weniger "offenen" Körperbeziehungen kommen, vielleicht helfen kann, Hemmungen abzubauen und sich näherzukommen. Viele, v.a. türkische Mädchen, dürfen ausser mit der Klasse oder mit den Eltern aber nicht in die Freibäder gehen. Die Angst, das Mädchen könnte dort mit Jungen in Kontakt kommen und die Ehre der Familie beschmutzt werden, ist bei vielen muslimischen Familien sehr gross. Im Bereich der Kontakte und der Sexualnormen sind diese Mädchen sehr starken Reglementierungen ausgesetzt (WEBER 1989, S. 46). Vielen Mädchen bleibt deshalb ein äusserst spannender Freiraum verborgen. Schwimmbäder und Parkanlagen machten bei der Frage, an welchen Orten sich die neuzugezogenen Jugendlichen in der Freizeit manchmal aufhalten, die Hälfte aller Nennungen aus.

5.7.3 Schulhausplatz

Die Bedeutung des Schulhausplatzes als Aufenthaltsort ist neben der Schulzeit relativ gering (vgl. Tab. 15 und 17, S. 121 und 122). Schulhausplätze sind nicht immer öffentlich zugänglich und können als Freiräume in der schulfreien Zeit, besonders am Abend, nur schlecht genutzt werden. Wie wichtig öffentlich zugängliche Schulhausplätze sind, zeigt der Pausenplatz des Klingentalschulhauses. Dort spielen Jugendliche jeden Tag und bei jedem Wetter, dank spezieller Beleuchtung, z.T. bis spät in die Nacht hinein Fussball oder Basketball. Andere stehen bloss herum und schwatzen. Der Platz wird dabei auch sehr rege von älteren ausländischen Jugendlichen besucht, also nicht nur von SchülerInnen des Klingentalschulhauses. Dieses Beispiel zeigt, dass auch andere, nicht zugängliche Schulhausplätze potentielle Freiräume darstellen. *"Es wäre denkbar, Schulareale vermehrt als Freizeiträume für die SchülerInnen zur Verfügung zu stellen."* (ROSSE 1991, S. 50, ARBEITSGEMEINSCHAFT GEOGRAPHISCHES INSTITUT 1989).

5.7.4 Strassenbereiche

Der Strassenraum wird von den Jugendlichen als Aufenthaltsort jeden Tag sehr stark benutzt. Die Strassen, z.B. rund um den Claraplatz, werden von allen Jugendlichen des Klingentalschulhauses aufgesucht. Wenn die Strasse wegen den Gefahren des Verkehrs gerade für Kinder an Bedeutung als Spielraum eingebüsst hat, so ist sie besonders für die Jugendlichen, mit denen ich mich in dieser Arbeit auseinandersetze, einer der wenigen Orte, auf denen sie ihre Aufenthalte nicht legitimieren müssen (vgl. dazu BLINKERT 1993, ROSSE 1991, JACOB 1984, BERG-LAASE et al. 1985). Die Bewegung im Strassenraum, zusammen mit den Erlebnissen, die sich dabei ergeben, formen das Bild, das die Jugendlichen vom Quartier und der Stadt bekommen. Strassen sind für viele Jugendliche als Verbindungs-, Spiel- und Ereignisraum sowie als Treffpunkt sehr wichtig. Der Gehsteig, der Strassenbereich vor der Haustür, die Tramhaltestelle oder die Strassenkreuzung, wo sich die Jugendlichen auf dem Schulweg treffen, sind Orte, auf denen sie sich alleine oder mit FreundInnen bewegen, wo Aktionen stattfinden, wichtige Gespräche geführt werden, flaniert und spaziert wird (ZINNECKER 1979). Gerade neuzugezogene fremdsprachige Jugendliche haben gegenüber diesem Strassenraum keine a priori negative Einstellung und erleben Basel weitgehend über das Spazieren - zu Fuss oder mit dem Fahrrad - durch diese Strassen.

5.7.5 Orte, die Geld kosten

Orte, die Geld kosten und an denen über eine gewisse Sprachfertigkeit verfügt werden muss (Kino, Restaurant, Diskothek), fallen bei den Real- und SekundarschülerInnen als Aufenthaltsorte in der Freizeit bedeutend stärker ins Gewicht als bei den neuzugezogenen fremdsprachigen SchülerInnen. Dass dies nicht am Geld liegt, zeigen die Angaben zum Taschengeld, wonach die fremdsprachigen SchülerInnen im Monat durchschnittlich Fr. 17.- mehr Taschengeld bekommen, nämlich Fr. 54.-, als die Real- und SekundarschülerInnen, die Fr. 31.- pro Monat zur Verfügung haben (vgl. Tab. 29, S. 125). Das Kino fällt bei den meisten neuzugezogenen SchülerInnen wegen Sprachproblemen als Vergnügungsort weg. Bei den anderen Orten jedoch, die Geld kosten (Restaurants, Diskotheken, Spielsalons, etc.), hindern wohl andere Faktoren die Jugendlichen am Zugang.

Inwieweit neuzugezogene fremdsprachige Jugendliche in diesen halböffentlichen Räumen, genauso wie in Warenhäusern, in der Post, im Tram und im Zug etc., mehr Diskriminierungen ausgesetzt sind als Schweizer Jugendliche, kann in dieser Arbeit nicht genau gesagt werden. Neuzugezogene fremdsprachige Jugendliche sind zum einen, genauso wie Schweizer Jugendliche, allgemeinen Diskriminierungen ausgesetzt, die sich aus der Statuspassage Jugend ergeben (sie werden in der Gesellschaft nicht ernst genommen, haben sich aber wie Erwachsene zu verhalten, dürfen keine Raumansprüche stellen oder eigene Lebenswege ausprobieren. Sie sind immer zu laut oder frech, usw.). Dazu kommen für die fremdsprachigen Jugendlichen aber noch gravierende Diskriminierungen, die in bezug auf ihren niederen Status als AusländerInnen zu sehen sind (vgl. Kap. 2.2.2, S. 7). Spüren Jugendliche, dass sie abgelehnt oder bloss geduldet werden, schränkt sie das auch in ihren Handlungsspielräumen ein. Es entsteht eine persönliche Betroffenheit (Individualisierung des Versagens). Die Strategien, die die Jugendlichen dagegen entwickeln, sind vielfältig und gehen meist in zwei Richtungen. Die eine Möglichkeit ist Rückzug auf sich selbst, Unterordnung und extreme Anpassung, die andere führt zu Rebellion oder Delinquenz (WEBER 1989, S. 37).

Lehrer:
Diskriminiert werden sie z.B. wenn sie Tram fahren. Sie werden angepöbelt. Am Kiosk heisst es: "Kannst du das nicht auf Deutsch sagen?". Sie fühlen sich sehr unwohl in der neuen kulturellen Umgebung, da sie diese nicht verstehen und ratlos sind. Und wenn diese Unzufriedenheit, dieses Sich-bedroht-Fühlen, nicht umgewandelt werden kann, kommen die "negativen Seiten im Mensch" auch hoch. Ich erzähle dir noch ein Beispiel, welches die Bedrohlichkeit aufzeigt. Das Schlimmste, was ich mit den Schülern immer wieder erlebe, ist Zug- oder Tramfahren. Wir machen das trotzdem immer wieder. Doch da vergeht keine Reise z.b. nach Luzern, während der es nicht irgendwo in einem Abteil mit einem Schweizer, der mitfährt, eine Auseinandersetzung gibt. Es ist sehr heiss, und ein Schüler macht das Fenster auf, und der dicke Herr Füdlibürger sagt: "gottvertami, mach das Fenster zu!". Er sagt das nicht freundlich, sondern so wie zu einem Hund. Und dann wird der Schüler sauer und der andere auch, und dann muss ich die Schüler verteidigen, und dann werden sie erst recht stark und frech und der andere wild, und dann muss ich wieder die Schüler beruhigen etc. Das beginnt jedoch immer, weil es Ausländer sind, mit denen man nicht normal umgehen muss, die schon von vornherein als Zumutung empfunden werden.

5.7.6 Wünsche, Träume und Ängste

Im Anhang sind die Antworten aller SchülerInnen aufgeführt, die in der schriftlichen Befragung die Zeit fanden, die Fragen zu beantworten, mit denen ich erfahren wollte, wovor oder vor welchen Orten in Basel sie Angst haben und was sie sich wünschen, resp. was es im Quartier noch haben sollte. Die Antworten der fremdsprachigen SchülerInnen stehen im Anhang auf den Seiten 133-138 und die der Real- und SekundarschülerInnen auf den Seiten 139-143. An dieser Stelle sollen einige Auszüge aus den Tiefengesprächen die Spannweite der Antworten aufzeigen.

Timea:
Gibt es Sachen hier, die du gerne machen würdest, aber hier nicht machen kannst? Nein. *Irgend etwas, was du dir wünschst? (Fällt mir sofort ins Wort.)* Ja sicher nicht, hier gibt es alles. *Und Freunde und Freundinnen hast du genug?* Ja. *Und Orte, an die hinzugehen dir die Eltern verbieten?* Nein, keine.

Hatice und Lumturije:
Gibt es in eurem Leben irgend etwas, das euch stört, oder Orte, die ihr nicht mögt? Lumturije? Nein, es stört mich nichts. Ich kann machen, was ich will. Ich gehe spazieren oder so, mein Vater sieht, es stört ihn nicht, er sagt: Geh spazieren, bleib nicht zu Hause, oder mach etwas und bleib nicht immer zu Hause. *Und bei dir Hatice, gibt es irgend etwas, das dir absolut nicht gefällt hier, wovor du Angst hast, was du nicht magst?* Ich habe Angst vor den Hippies. *(Lumturije:)* Was ist das? *Das sind so Leute, mit langen Haaren. (Lumturije:)* Ah ja, ich habe auch Angst. *Warum habt ihr Angst vor denen? (Hatice:)* Ich weiss nicht. Es sind so schlechte Menschen. *Schlechte Menschen?* Ja, sie sind so, wenn sie mich schlagen. *Schlagen die dich?* Ja, wenn macht *(d.h. wenn sie es machen würden),* ich weiss nicht, irgendwas, wenn ich sehe in Fernsehen. *Hier hast du sie auch schon gesehen?* Nein, doch einmal, einmal in Tram. *(Lumturije:)* Ich auch. *(Hatice:)* Und noch, ich will eine Sache, ich will meine

Onkel hier bringen, aber wir können nicht. Wenn er hat keine Arbeit in Türkei und er heiraten, er kommt hier und er hat keine Arbeit, ich weiss nicht. Wie kann man bringen?

Andrzej:
Was wünschst du dir hier am meisten? Ja, vor allem Freunde, aber sonst nein, sonst gefällt es mir eigentlich hier. Dann haben Sie noch gefragt, wovon ich träume? Also jetzt will ich einen Photoapparat haben, eine für Profis, eine Olympus. Ich kann ihnen das Photo im Katalog dann zeigen. Aber er ist teuer, über tausend Franken. Vielleicht bekomme ich ihn auf Weihnachten, aber ich muss die Hälfte bezahlen. Dann werde ich so ungefähr siebenhundert Franken an Taschengeld haben.

Ahmet:
Gibt es Sachen oder Leute, vor denen du Angst hast hier in Basel? Ja also, Betrunkene und Drogenabhängige, die machen mir Angst. *Und hast du Träume, etwas das du gerne hättest, das du gerne machen würdest?* Ja also, mein Traum, mein erster Wunsch ist, dass ich hier die Schule fertigmache. Das ist es, was ich will und dann nach Jugoslawien zurückzukehren. *Und so für das alltägliche Leben, hast du da einen Wunsch?* Nein. *Hast du hier alles was du brauchst?* Ja.

Was für alle Jugendlichen wirklich ein Problem darstellt, ist die Angst vor Drogensüchtigen, resp. vor den Orten, an denen die Süchtigen sich aufhalten. Ahmet und Andrzej haben in den Interviews beschrieben, dass sie Umwege machen, um nicht am Rhein oder an einem Gassenzimmer vorbei zu müssen, wenn sie Freunde oder ihre Lehrerin besuchen gehen. Diese Angst der neuzugezogenen Jugendlichen aus dem Klingentalschulhaus lässt sich nachvollziehen, gehen sie doch in unmittelbarer Nähe zum Drogenumschlagplatz am Rhein zur Schule, werden in der Umgebung von Dealern angesprochen, schauen fixenden Abhängigen auf dem Pausenplatz zu oder finden eine/n Süchtige/n schon einmal auf dem Klo im Schulhaus. Ihre Ablehnung basiert auch immer auf schlechten Begegnungen. Es ist in meinen Augen jedoch ein Hinweis auf den gesellschaftlichen Umgang mit Drogensüchtigen und ihren Orten, wenn von 50 Antworten der Real- und SekundarschülerInnen, 25 mit der Angst vor Drogensüchtigen oder mit den Orten, an denen jene sich aufhalten, zu tun haben, obwohl die SchülerInnen, die im Gellert wohnen, wahrscheinlich kaum mit Süchtigen in Kontakt kommen oder sich an den entsprechenden Orten am Rhein aufhalten.

Die Wünsche der Real- und SekundarschülerInnen haben mit konkreten Problemen oder Orten zu tun. Sie wünschen sich weniger Verkehr, mehr Fussballplätze, ein Basketballfeld oder einen Jugendtreffpunkt, eine Kunsteisbahn und einen grösseren Garten. Auch hätten sie gerne eine Garage unter dem Haus und ein paar Warenhäuser in der Nähe oder einfach einen schönen Platz, an dem mit Freunden etwas unternommen werden kann, und der Reithof nur fünf Minuten entfernt wäre oder einfach alleine in einem Haus zu leben, das so gross ist wie das Schulhaus und ein Auto und viel Geld.

Bei den neuzugezogenen fremdsprachigen Jugendlichen sind es nicht weniger handfeste Wünsche, aber eher solche, die eine schlechte Situation verbessern und nicht an Orte gebunden sind. Sie möchten mehr FreundInnen, oder sie hätten gerne ihre Familie bei sich. Sie wünschen sich eine grössere Wohnung und weniger Verkehr vor dem Bordell in der gleichen Strasse und ein eigenes Zimmer, in dem sie machen können, was sie wollen, ohne dass andere dabei sind. Oder sie wollen einfach mit dem Freund und der Freundin sitzen und sprechen. Aus diesen Listen wird die unterschiedliche Anspruchshaltung von in der Schweiz aufgewachsenen und neuzugezogenen fremdsprachigen Jugendlichen sehr deutlich. Diese Anspruchshaltungen wirken sich auch auf ihre Raumansprüche aus, die bei den neuzugezogenen fremdsprachigen Jugendlichen im allgemeinen sehr bescheiden sind.

6. NEUZUGEZOGENE FREMDSPRACHIGE JUGENDLICHE UND IHR RAUM - ZUSAMMENFASSUNG UND SCHLUSSWORT

6.1 Die neuzugezogenen fremdsprachigen Jugendlichen und ihr "Raum": Versuch einer Bewertung

80% aller befragten Jungen und 70% aller befragten Mädchen der neuzugezogenen fremdsprachigen Jugendlichen gaben an, dass sie in der Heimat mehr Platz zum Spielen und für Begegnungen hatten als in Basel (vgl. Tab. 23, S. 123). Daraus könnte geschlossen werden, dass drei Viertel aller neuzugezogenen Jugendlichen mit dem Platzangebot in Basel nicht zufrieden sind. Dem ist aber nicht so. Umkehrschlüsse dieser Art sind zu einfach und werden gerade der komplexen Lebenssituation, in der sich die neuzugezogenen fremdsprachigen Jugendlichen befinden, nicht gerecht, denn die Frage: "Hast du das Gefühl, dass es in deinem Quartier genug Orte und Möglichkeiten gibt, wo du dich mit FreundInnen treffen kannst, wo du spielen und dich austoben kannst?", bejahten 68% der neuzugezogenen fremdsprachigen Jugendlichen. 17% verneinten dies, und 15% gaben keine Antwort.[34] Die Korrelation zwischen der Einschätzung der heimatlichen Platzverhältnisse und dem Platzangebot in Basel zeigt, dass <u>die Hälfte der 99 befragten fremdsprachigen Jugendlichen mehr Platz in der Heimat hatte *und* das Gefühl hat, in Basel genug Platz zu haben.</u> Von den vierzehn Jugendlichen, die sagten, dass sie in der Heimat und hier etwa gleichviel Platz haben, sagten dreizehn, dass sie in ihrem Quartier genug Platz haben. Von den siebzehn, die angaben in ihrem Quartier nicht genug Platz zu haben, sagten dreizehn, dass sie in ihrer Heimat mehr Platz hatten als in Basel. Dies heisst, dass dreizehn der neuzugezogenen Jugendlichen mit den Platzverhältnissen in ihrem Quartier in Basel nicht einverstanden sind. Nur gerade drei der Befragten gaben an, dass sie weder in ihrem Herkunftsland noch in Basel über genügend Platz verfügten und verfügen.

Die Zeichnungen der heimatlichen Wohnhäuser der SchülerInnen der FS 3 (vgl. S. 55, 56 und S. 126 - 132) und der Umstand, dass mindestens 60% der befragten fremdsprachigen SchülerInnen aus ländlichen Gebieten mit erfahrungsgemäss besseren Freiraumangeboten kommen, werte ich als klare Hinweise darauf, dass die meisten Jugendlichen im Heimatland nicht nur subjektiv, sondern auch ganz objektiv über grössere und ungefährlichere "Auslaufmöglichkeiten" verfügten und dass es dort generell mehr Bewegungsmöglichkeiten, mehr Platz im eigentlichen Sinne gab - ganz abgesehen von den bekannten Kommunikations- und Beziehungsmustern. Die Vorstellung über Zugangsmöglichkeiten zu Raum ist zu einem grossen Teil subjektiv und hängt v.a. davon ab, ob sich einzelne Jugendliche im Raum wohlfühlen und ob die Kommunikationsmuster und die gesellschaftlich geprägten Codes bekannt sind. Dadurch zeigt

---

[34] Die Frage, ob sie finden, dass sie genug Platz in ihrer Wohnung haben, bejahten fast 75%, und nur 25% sagten, dass sie sie zu eng finden. Dies trotz ausgewiesener Wohnraumknappheit und dem Umstand, dass 75% nicht über ein eigenes Zimmer verfügen.

sich auch, ob eine Auseinandersetzung mit Raumansprüchen überhaupt als erstrebenswert erscheint und gewährleistet ist.

Nur wenige Jugendliche, mit denen ich während der Untersuchung zusammenkam, fordern mehr Raum. Sie nehmen ihre Situation und den Raum so wie er ist und versuchen, damit umzugehen. Das darf aber keinesfalls heissen, dass keine Verbesserungen angestrebt werden sollen. Nur können diese nicht anhand von "Wunschlisten" der SchülerInnen erfolgen (ROSSE 1991), sondern müssen als politisch machbare Forderungen erkannt, von einem Grundkonsens über die Notwendigkeit von freien oder frei verfügbaren Räumen, Orten, Nischen, Flächen (Wiesen) für ausländische Jugendliche, aber auch von einer Bereitschaft, die Besetzung dieser Räume durch alle Jugendliche mit den daraus entstehenden Konsequenzen zu fördern, resp. die neuzugezogenen darauf hinzuweisen und aufzuklären, getragen werden; und zwar in der Planung ebenso wie im täglichen Leben im Quartier und in der Stadt.

Lehrer:

Es stimmt schon, dass sie auf der einen Seite zuwenig Platz haben, auf der andern Seite stellen sie einfach keine Ansprüche. Die Ansprüche, die wir an die Umgebung stellen und das Umfeld, das wir unseren Kindern wünschen, sind für sie *(die neuzugezogenen fremdsprachigen Jugendlichen)* wirklich keine Grösse. Sie stellen nicht dieselben Ansprüche. Das darf nicht verwechselt werden.

Jugendliche halten sich auch heute noch, unabhängig von lokalen Bedingungen, in einem erheblichen Umfang draussen auf (JACOB 1984); auch wenn das Fernsehen und die daraus entstehende Möglichkeit, Erfahrungen vom Sofa aus vermittelt zu bekommen, bei neuzugezogenen fremdsprachigen Jugendlichen als Freizeitbeschäftigung einen sehr hohen Stellenwert besitzt. Gerade diese Jugendlichen haben auch eine grosse Neugier. Sie wollen den neuen Lebensraum entdecken und müssen hinaus, durch die Strasse in den Park, um mitzubekommen, was los ist.

Bei beiden Untersuchungsgruppen sind es um die 70% der SchülerInnen, die in der Freizeit lieber draussen auf der Strasse als zu Hause in der Wohnung sind. Eine Ausnahme bilden dabei jedoch die fremdsprachigen Mädchen, von denen 40% angaben, in der Freizeit lieber zu Hause zu bleiben (vgl. Tab. 24, S. 124). Dieser hohe Anteil ist darauf zurückzuführen, dass besonders türkische Mädchen kaum alleine hinausgehen dürfen. Es *"fühlen sich mehr Mädchen als Jungen sozial isoliert; vor allem die Ausländerinnen betonen viel stärker als die Ausländerjungen, dass sie wenig mit anderen Kindern spielen."* (RAUSCHENBACH/ZEIHER 1993, S. 155). Dazu kommt, dass die bestehenden Aufenthaltsmöglichkeiten in öffentlichen, nicht institutionalisierten Räumen und Jugendtreffpunkten v.a. auf die Bedürfnisse von Jungen ausgerichtet sind. Die Mädchen werden in Parks, wie in den Parkbeschrieben dargestellt, oft von Jungen, die sehr viel Platz und (meistens das Zentrum eines Ortes) beanspruchen, von ihren Spielorten verdrängt und an den Treffpunkten bedrängt. Dasselbe passiert auch in der Schule, wo die Jungen mehr Platz und Aufmerksamkeit für sich beanspruchen. Gerade Mädchen aus Kulturen, die andere, hier unbekannte Abwehrmuster entwickelt haben, kann das vor Probleme stellen (JACOB 1984).

Lehrerin:
Die Mädchen bleiben eher zu Hause, und die Jungen, wenn ich es so verallgemeinern darf, gehen relativ rasch hinaus. Das kommt natürlich auch von der Erziehung her. Das fand ich heute morgen so symptomatisch. Ich ging eine Klasse besuchen. Die Mädchen, wie es im Buche steht, überangepasst und fleissig, und die Jungen laut und aufmüpfig und störend. Sie brauchten sicher 70% der Aufmerksamkeit der Lehrerin, und das waren noch Kleine, zwölf Jahre alt. Einfach zuerst die Jungen und dann nochmals die Jungen und nochmals, und dann vielleicht einmal schnell ein Mädchen, weil die Lehrerin findet, jetzt müsste man den Mädchen auch einmal das Wort geben. Der Löwe, sagt man von den Türkenknaben, "Aslan". Schon als Bébé ist der Junge der "Aslan". Er darf sich zeigen, machen was er will, zeigen was er kann, sich hinstellen: "Bravo, grossartig, was du kannst!" Und das kleine Mädchen muss still sein. "Wir Männer reden jetzt, geh der Mutter helfen", heisst es dann und "Jöh, du bist aber ein ganz Liebes jetzt".

Lehrerin:
Mädchen gehen alleine nicht ins Schwimmbad. Aber wenn wir mit allen in die Badeanstalt gehen, dann dürfen sie auch mitkommen. Ich habe selten Probleme gehabt, dass ein Mädchen unter meiner Aufsicht nicht mitkommen konnte. Ich merke schon, dass die Jungen in diesen Kulturen sehr viele Freiheiten haben. Die Jungen kennen sich überall aus. Da kann man irgendwo einen Treffpunkt ausmachen, die kommen dahin und finden das. Die kennen die Stadt und zwar ohne, dass ich sie ihnen zeige. Sie lernen die Stadt in der Freizeit kennen. Bei den Mädchen ist das viel weniger möglich, da sie wirklich weniger Freiraum haben, zum Ausgehen, zum "luege" und die Gegend erkunden.

Mädchen haben grössere Probleme, zu "Raum" zu kommen, als Jungen. Die fremdsprachigen Mädchen nannten als Orte ihres Aufenthalts öfter unbestimmte Orte als die Jungen. Sie haben, auch die in der Schweiz aufgewachsenen Mädchen, häufiger angegeben, in der Freizeit, wenn sie draussen sind, meistens "am Spazieren, durch die Strassen laufen" zu sein, als die Jungen (vgl. Tab. 17, S. 122). Den Mädchen stehen in ihrer Freizeit weniger feste Orte zur Verfügung als den Jungen. Sie müssen ihre Räume "laufend", "spazierend" in "Besitz" nehmen. Ein klar definierter, manifester Raumanspruch ist - wie für alle Frauen in unserer Gesellschaft - nicht vorgesehen. Ob nicht auch das einer der Gründe sein könnte, weshalb die neuzugezogenen fremdsprachigen Mädchen so viel zu Hause sind? Weil sie nirgends hingehen können. (In Zürich z.B. gibt es neben dem Mädchenhaus für bedrängte Mädchen auch einen speziellen Jugendtreff nur für Mädchen.) Die Freizeitaktivitäten der Mädchen sind zwar diversifizierter als die der Jungen (vgl. Tab. 9, S. 119 und JACOB 1984, S. 692), aber das Mädchentypische ist zugleich etwas, was wenig feststehend und typisiert ist. Den Freizeitaktivitäten fehlt die raumausgreifende Dominanz und Prägnanz (RAUSCHENBACH/ZEIHER 1993).

Die Differenz im Raumnutzungsverhalten zwischen den neuzugezogenen fremdsprachigen Mädchen und den Mädchen, die in der Schweiz aufgewachsen sind, ist gross. Bei der Betrachtung der Zahlen der Mädchen der Real- und Sekundarschule wird aber deutlich, dass die verbreitete Auffassung, Jungen seien generell häufiger draussen anzutreffen als Mädchen (z.B. RAUSCHENBACH/ZEIHER 1993, S. 152), in dieser allgemeinen Form nicht stimmt (JACOB 1984, S. 692).

Den festen Platz, den die neuzugezogenen fremdsprachigen Jugendlichen in ihrer Heimat hatten, werden sie in Basel nicht finden. Es gibt ihn in Basel auch nicht, weder räumlich noch kulturell noch ideell. Sie finden Ersatzräume in den Parks und im Sommer in den Schwimmbädern. Ihre Freizeit draussen verbringen die Jugendlichen v.a. mit Spazieren oder Fahrrad fahren. Obwohl Spazieren auch eine Aktion an Ort bedeuten kann, beinhaltet es doch, besonders beim Fahrrad fahren, in erster Linie eine Bewegung im Quartier. Ihr Aufenthalt beschränkt sich auf Orte, an denen keine Aufenthaltslegitimation erbracht werden muss: Parkanlagen, Strassen und Plätze im Quartier. Dass sie sich dabei nach Nationen und in der Familie zusammenschliessen, scheint mir sehr verständlich, finden sie doch besonders im verwandtschaftlichen Umfeld FreundInnen, die ihnen fehlen und nach denen sie sich sehnen. Der bevorzugte Streifraum der Jugendlichen umfasst das Wohngebiet Kleinbasels zwischen Clarastrasse und Horburgpark und nördlich der "Ciba" in Kleinhüningen. Grossbasel wird selten aufgesucht. Das ist auch nicht nötig. Kleinbasel hat eine städtische Infrastruktur. In der Nähe der Wohnungen finden sich alle Dienstleistungen, es hat Citybereiche um den Claraplatz, als Naherholungsgebiet die Langen Erlen und den Rhein. In dem sehr vielfältigen Quartier leben zudem viele Kinder und Jugendliche. Dies darf aber nicht darüber hinwegtäuschen, dass besonders Aktivitäten im Aussenraum durch die Raumverhältnisse in Kleinbasel stark eingeschränkt werden. Die Jugendlichen, die im Gellertschulhaus zur Schule gehen und bei denen ich annehme, dass die meisten auch in diesem Quartier wohnen, müssen, wollen sie z.b. ein Warenhaus aufsuchen oder aus dem reinen Wohngebiet hinausgehen, das Quartier z.B. Richtung Innenstadt verlassen. Dies erhöht den Bewegungsradius sofort stark. Auch die Verpflichtungen der organisierten Freizeit tragen dazu bei, dass die in der Schweiz aufgewachsenen Jugendlichen viele verschiedene Orte aufsuchen müssen, die in der ganzen Stadt und den umliegenden Gemeinden verstreut sind (vgl. Kap. 2, ZEIHER 1989, DAUM 1990). Diesen "Zwang" aus dem Quartier hinauszugehen, haben die neuzugezogenen fremdsprachigen Jugendlichen nur, wenn sie dem Druck eines hochverdichteten städtischen Raumes entfliehen und in die Natur hinausgehen wollen. Dadurch, dass die Jugendlichen einen Grossteil ihrer Freizeit in den Quartieren Kleinbasels verbringen, wird die Identifizierung mit dem Lebensraum erhöht, was meines Erachtens die Integration der SchülerInnen vereinfachen und ihr Wohlbefinden stärken kann.

Lehrerin:
Es ist wichtig, dass wir nicht von unseren Verhältnissen ausgehen, wenn du denkst, dass sie mehr Raum haben müssten. Sie werden diesen Raum nicht fordern, in dem Sinn. Mindestens nicht die, die erst seit kurzer Zeit in Basel sind. Sie sind bereits mit dem, was sie hier haben und vorfinden, zufrieden. Oft kommen sie aus Verhältnissen, die nicht so gut sind. Sie spüren aber schon, dass es auf dem Land schöner ist. Viele von ihnen haben das Land erlebt, wissen, wie es in den Bergen ist. Sie werden den Raum in Basel nicht fordern. Aber sie sind dankbar, wenn man mit ihnen hinausgeht. Da sieht man, wie sie aufleben. Ich denke, es ist wichtig, dass man ihnen Grünflächen geben oder schöne Orte zeigen kann, zu denen sie dann mit ihren Familien auch gehen. Es ist wichtig, dass sie auch hinauskommen. Alle kennen die Grün 80, und die haben sie nicht von mir kennengelernt.

6.2 Eine Zusammenfassung in zehn Punkten

1. Fast alle der befragten neuzugezogenen fremdsprachigen Jugendlichen leben in Kleinbasel in Quartieren mit niederem sozialem und ökologischem Status, welche durch die bekannten Einschränkungen und Überformungen geprägt sind, die mitteleuropäische, hochverdichtete städtische "ArbeiterInnenquartiere" auszeichnen.

2. Besonders für die Nutzung des städtischen Raumes durch die Jugendlichen kann angenommen werden, dass nationalitäts- und schicht-, aber auch geschlechtsspezifische Einflüsse nicht isoliert, sondern in Abhängigkeit mit anderen Faktoren wirken (Wohnraum, Mobilität, Schulbildung, Stellung in der Familie). Räumliche Bedingungen können nicht konstant gehalten werden, während die Sozialstruktur sich wandelt.

3. Aus den ersten zwei Punkten sind Ableitungen auf ein Wohlbefinden, resp. auf die persönlich empfundene Qualität der Aktionsmöglichkeiten, gerade für Menschen, die aus einem anderen kulturellen Kontext kommen, nur mit äusserster Vorsicht anzubringen.

4. Andererseits können aber Verallgemeinerungen hinsichtlich des sozialen Kontextes folgendermassen gemacht werden: *"Viele der Eigenschaften, die man den Orten zuschreibt, hängen mit dem zusammen, was in den Orten steckt, mit den dort wohnenden Leuten und ihren Besitztümern. Die Orte als solche bedeuten nicht viel, das heisst, sie sind schon vorhanden mit dem Verkehr und so weiter, aber die geographischen Distanzen, lassen sich auf soziale Distanzen reduzieren. Das ist wichtig, wenn man die Probleme der vielberedeten Ghettos verstehen will. Leute an einem stigmatisierten Ort haben ein Handicap. Das ist sehr einfach."* (BOURDIEU 1993, S. 18).

5. Daraus muss abgeleitet werden, und das ist besonders bei der Betrachtung der Nutzungsdiversität und der Bewertung von Räumen von Jugendlichen wichtig, dass die Ausgestaltung von Freiräumen auf die Handlungsmöglichkeiten und demzufolge auf die Sozialisationsbedingungen von Jugendlichen direkten Einfluss haben (z.B. als Möglichkeit, FreundInnen zu treffen) und dass gleichzeitig die Jugendlichen mit ihrem Tun die Bestimmung dieser Räume verändern und ihnen ein Gesicht geben, welches je nach Gruppe und Alter ganz unterschiedlich sein kann.

6. Je reichhaltiger und vielfältiger diese Räume sind, desto differenzierter werden die Entwicklungsmöglichkeiten sein. Es muss daher möglich sein, dass Freiräume auf verschiedene Arten genutzt werden können. Dies ist auch nötig, wenn die für Jugendliche wichtige Möglichkeit des Sammelns von Primärerfahrungen aufrechterhalten bleiben soll.

7. Obwohl Kleinbasel alle stadttypischen Bereiche in sich vereinigt (City, Industrie etc.), fehlen vielfältig nutzbare Grün- und Freiflächen weitgehend. Die Parks, die Strasse und im Sommer die Freibäder sind die Orte, an denen sich die neuzugezogenen fremdsprachigen Jugendlichen aufhalten können. Für Mädchen sind die Aufenthaltsorte und Raumnutzungsmöglichkeiten dabei noch eingeschränkter als für die Jungen, da die Gestaltung der Aussenräume, wie auch der Treffpunkte, in erster Linie auf die Bedürfnisse von Jungen ausgerichtet sind. Mädchen müssen oft auch aus kulturellen Gründen zu Hause bleiben und viel im Haushalt mithelfen. Zu Hause sehen die Jugendlichen in erster Linie fern.

8. Zu den fehlenden Erfahrungsmöglichkeiten und den ungünstigen Aktionsraumbedingungen, welche bei den neuzugezogenen Jugendlichen allerdings durch Erfahrungen im Heimatland wettgemacht werden können, kommt eine generelle Verunsicherung im täglichen Leben hinzu. Sie leben in einem sozialen Umfeld, dass sich dauernd im Umbruch befindet (z.B. Kennenlernen der Eltern zu einer Zeit, in der normalerweise erste Ablösungsprozesse ablaufen, Schulwechsel, Peer-Group-Bezug etc.). Dazu müssen sie die gültigen Verhaltensweisen und Wertmuster erst entziffern und aufnehmen können.

9. Diese Verunsicherung und der sehr geringe gesellschaftliche Status der neuzugezogenen AusländerInnen erschwert oder verunmöglicht ihnen oftmals den Zugang zu Raum und sozialen Kontakten (z.B. an institutionalisierten Orten oder in Vereinen). Ausschluss aus In-Groups beeinträchtigt eine Peer-Group-Bildung, was wiederum zur Folge hat, dass keine Räume beansprucht werden können, die einer Gruppe als Haltepunkt dienen könnten. Alleine lässt sich kein Raum besetzen.

10. Dazu sind die Bewegungsmöglichkeiten im Raum durch die vorherrschenden Kapitalgüter bestimmt (z.B. bei organisierter Freizeit), welche den sozialen Status erhöhen oder vermindern. Die neuzugezogenen Jugendlichen erfahren selbst oder durch ihre Eltern - besonders in Krisenzeiten - auch ökonomische Grundlagen als aufkündbar. Als Folge davon sind sie verstärkt mit ihrem "Fremdsein" konfrontiert, werden in der Gesellschaft als "Bedrohung" erlebt und von dieser diskriminiert (z.B. ungleiche Ausbildungschancen). Neuzugezogene fremdsprachige Jugendliche verfügen über wenig Ressourcen. Die Möglichkeiten einer umfassenden Raumnutzung der neuzugezogenen fremdsprachigen Jugendlichen sind, wegen der Schlechterstellung durch ökonomisches, kulturelles und soziales Kapital gegenüber hier aufgewachsenen Jugendlichen, beeinträchtigt. Status- und Chancenungleichheit verhindern einen gleichberechtigten Zugang zu Raum zusätzlich. Eine positive und vielfältige Raumwahrnehmung und -nutzung ist meines Erachtens ein stark unterschätztes integratives Moment. Sie gilt es dringend zu fördern.

6.3 Schlusswort

In dieser Arbeit geht es um eine Darstellung des Alltags neuzugezogener fremdsprachiger Jugendlicher. In Basel und in allen anderen Schweizer Städten gibt es eine zunehmende Anzahl Jugendlicher, die im Jugendalter in die Schweiz immigrieren und die, ausser einer schulischen Einstiegshilfe in einigen Kantonen, keine Unterstützung von Seiten der ansässigen Gesellschaft finden. Dies führt bei vielen Jugendlichen zu einem Gefühl in der offiziellen Schweiz, ausserhalb der nach Nationen gegliederten Verwandtschaftsbezüge, keinen Platz zu haben. Die Orientierung müssen sie in der vielfältigen 'Zeit des Ankommens und Begreifens' selber finden. Den meisten gelingt dies, einigen wenigen nicht und wieder andere verschwinden nach der offiziellen Schulzeit, in der niemand verpflichtet ist, sich um sie zu kümmern, aus dem täglichen Leben. Eigentlich ist daran nichts Besonderes. Diese Situationen können bei allen Jugendlichen, ob in der Schweiz aufgewachsen oder nicht, auftreten.

Der grundlegende Unterschied besteht jedoch darin, dass die neuzugezogenen fremdsprachigen Jugendlichen nie eine gleichberechtigte Chance hatten, in der Schweiz Fuss zu fassen. Vermeintliche oder wirkliche Verfehlungen, die sich daraus ergeben, führen zu einer extremen Stigmatisierung. Die neuzugezogenen fremdsprachigen Jugendlichen sind - und das ist eine Tatsache, die sich während der gesamten Untersuchung immer wieder zeigte - schlicht und einfach nicht vorgesehen. In erster Linie ist das ein politisches Problem. Ich möchte dies in dreifacher Hinsicht kurz thematisieren.

Es ist erstens ein migrationspolitisches Problem. Die Schweiz als Staat verweigert sich standhaft, sich als Einwanderungsland zu definieren. Ohne Einwanderung gibt es aber auch keine neuen jungen MigrantInnen. (Es fällt auf, dass alle nicht einheimischen Jugendlichen zur sogenannten 2. AusländerInnen-Generation gezählt werden. Es wird politisch nicht akzeptiert, dass auch neue GastarbeiterInnengenerationen ihre Familien nachziehen lassen, was bei einer umgekehrten Politik der Akzeptanz der Einwanderung nichts als selbstverständlich wäre.)

Zweitens ist es ein bildungspolitisches Problem. Obwohl in der Bildungspolitik noch am ehesten Bemühungen und Fortschritte im Umgang mit neuzugezogenen fremdsprachigen Jugendlichen zu verzeichnen sind, sind Schulen mit den neuen Situationen (Mehrsprachigkeit, Multikulturalität) überfordert oder haben in ihrem monokulturellen Selbstverständnis kein Instrumentarium, mit neuzugezogenen fremdsprachigen Jugendlichen umzugehen. Die neuzugezogenen fremdsprachigen Jugendlichen werden "gebraucht", um den unteren Rand schulischer - später beruflicher - Qualifikation abzusichern. Ob dabei bewusst in Kauf genommen wird, dass mit einem derartigen Umgang wertvolles, kreatives Potential verlorengeht, wäre eine weitere interessante Fragestellung, die zum dritten Punkt überleitet.

Der Umgang mit neuzugezogenen fremdsprachigen Jugendlichen ist Ausdruck eines sozialpolitischen Problems. Die Jugendlichen wurden nicht hierhergebeten. Sind sie nun schon einmal da, sollen sie bitteschön dankbar sein. Damit schliesst sich der Kreis der grossen Lüge. Die Schweiz ist, wie jedes andere Land in Mitteleuropa, ein Einwanderungsland und auf Arbeitskräfte aus aller Welt angewiesen. Aber jede Bewegung der zugewanderten Bevölkerung, die über die reine Lohnarbeit hinausgeht, zeitlich, räumlich und ideell, wird als Zumutung empfunden.

Dies zeigte sich im Verlauf der Untersuchung auch deutlich in den die sozialen Bedingungen widerspiegelnden Möglichkeiten der Raumnutzung der neuzugezogenen fremdsprachigen Jugendlichen. Wenn überhaupt feststehende Räume benutzt werden, so sind es solche mit einem niederen Status (Parkanlagen in Kleinbasel). Anders ausgedrückt: Räume, die von MigrantInnen benutzt werden, verlieren in den Augen der Einheimischen an Wert und Image.

In der Verbesserung aktionsräumlicher Belange liegt aber ein grosses politisches Potential. Feststehende Grössen wie Alter, Geschlecht, Herkunft, Familiensituation, Bildungsniveau der Eltern etc. können nicht verändert werden, wohl aber scheinbar manifeste Raumstrukturen. Verhältnisse im unmittelbaren Wohnumfeld, im Quartier und im Verständnis von "Stadt", können politisch beeinflusst werden. Raum erhält seine Bedeutung zu einem grossen Teil durch Zuweisungen der politisch Mächtigeren. Ein neues Verständnis im Umgang mit den Gebieten, in denen viele MigrantInnen wohnen, kann politisch in der Neugestaltung von Orten und Plätzen, aber auch in der Umgestaltung der Bedeutungen und Aufgaben dieser Räume entstehen. Für die Planung heisst das, Jugend in all ihren Facetten verstehen lernen und ihre räumlichen Bedürfnisse, als Ausdruck ihres Umgangs mit dem Alltag, umsetzen lernen.

Die neuzugezogenen fremdsprachigen Jugendlichen sind in unserer Sprache und Welt noch leise. Sie sind erst dabei, eine neue Sprache in einer neuen Umgebung zu erlernen. Es ist ein leichtes, sie zum Verstummen zu bringen. Sei dies, indem sie zwei-, dreimal kräftig erschreckt oder an den Orten, die sie gefunden haben, verunsichert werden. Die sinnvolle Lösung ist aber, sie willkommen zu heissen. Die allerwenigsten werden in ihr Heimatland zurückkehren, ausser unsere Politik vertreibt sie. Nach der obligatorischen Schulzeit verschwinden die Jugendlichen irgendwo im Alltag. Es ist nötig und nichts als fair, sie genügend auf diesen Alltag vorzubereiten und sich nicht aus der Verantwortung zu stehlen. Sie brauchen keinen zur negativen Etikettierung so nützlichen Sonderstatus, nur dieselbe Aufmerksamkeit wie einheimische Jugendliche und wie wir alle - zusätzlich etwas Begleitung, die ihnen die schwierigen Schritte über die unsichtbaren Grenzen erleichtert. Die einzige Möglichkeit, mit der Gegenwart umzugehen, ist die Akzeptanz, dass nur ein gleichberechtigtes Nebeneinander der diversen und pluralen Lebensverhältnisse ein gangbarer Weg ist. Solange neuzugezogene fremdsprachige Jugendliche als Zumutung empfunden werden, bleiben Frustrationen und Unmut auf beiden Seiten bestehen. Zu fragen bleibt, ob diese Frustrationen nicht immer wieder als politisches Konzept missbraucht werden?

7. LITERATURVERZEICHNIS

Allemann-Ghionda Cristina, Lusso Cessari Vittoria 1986: Schulische Probleme von Fremdarbeiterkindern: Ursachen, Probleme, Perspektiven. Schweizerische Koordinationsstelle für Bildungsforschung. Aarau.

Arbeitsgemeinschaft Geographisches Institut 1989: Jugendliche im Gundeldingerquartier. Bewegungsräume - Mobilität - Freizeitverhalten. Geographisches Institut Basel (unveröffentlicht).

Arbeitsgruppe Bielefelder Soziologen (Hg.) 1980: Alltagswissen, Interaktion und gesellschaftliche Wirklichkeit 1 + 2. Opladen.

Arin Cihan, Gude Sigmar, Wurtinger Hermann 1985: Auf der Schattenseite des Wohnungsmarktes: Kinderreiche Immigrantenfamilien. Basel.

Auernheimer Georg 1988: Der sogenannte Kulturkonflikt. Orientierungsprobleme ausländischer Jugendlicher. Frankfurt a.M..

Baacke Dieter 1980: Der sozialökologische Ansatz zur Bechreibung und Erklärung des Verhaltens Jugendlicher. In: deutsche jugend, Heft 11, S. 493-505.

Baacke Dieter 1985: Die 13 - 18 jährigen. Eine Einführung in die Probleme des Jugendalters. Basel und Weinheim.

Baacke Dieter, Ferchhoff Wilfried 1988: Jugend, Kultur und Freizeit. In: Klüter Heinz-Hermann (Hg.): Handbuch der Jugendforschung. Opladen, S. 291 - 326.

Berg-Laase Günter, Berning Maria, Graf Ulrich, Jacob Joachim 1985: Verkehr und Wohnumfeld im Alltag von Kindern. Eine sozialökologische Studie zur Aneignung städtischer Umwelt am Beispiel ausgewählter Wohngebiete in Berlin (West). Pfaffenweiler.

Bilden Helga, Diezinger Angelika 1988: Historische Konstitution und besondere Gestalt weiblicher Jugend. Mädchen im Blick der Jugendforschung. In: Klüter Heinz-Hermann (Hg.): Handbuch der Jugendforschung. Opladen, S. 135 -143.

Blinkert Baldo 1992: Krise der Kindheit als Krise der Gesellschaft. In: Stadt Freiburg. Das Sozial- und Jugenddezernat informiert: Situation von Kindern in der Stadt. Freiburg i. Br., S. 121 - 141.

Blinkert Baldo 1993: Aktionsräume von Kindern in der Stadt. Eine Untersuchung im Auftrag der Stadt Freiburg. Pfaffenweiler.

Bourdieu Pierre 1983: Ökonomisches Kapital, kulturelles Kapital, soziales Kapital. In: Kreckel Reinhard (Hg.): Soziale Ungleichheiten. Soziale Welt, Sonderband 2. Göttingen, S. 183 - 220.

Bourdieu Pierre 1993: Warum die Clochards nicht zum Sozialamt gehen. Im Gespräch mit Lothar Baier: Wochenzeitung (WoZ) Nr.17, 30. 4. 93.

Bühler Elisabeth (Hg.) 1993: Ortssuche. Zur Geographie der Geschlechterdifferenz. Schriftenreihe, Verein Feministische Wissenschaft. Zürich, Dortmund.

Buhmann Brigitte, Enderle Georges, Jäggi Christian, Mächler Thomas 1989: Armut in der reichen Schweiz. Eine verdrängte Wirklichkeit. Zürich.

Clarke John et al. (Hg.) 1976: Jugendkultur als Widerstand. Frankfurt a. M.

Daum Egbert 1990: Orte finden, Plätze erobern. Räumliche Aspekte der Kindheit. In: Praxis Geographie. Jg. 20, Heft 6, S. 18 - 22.

Dewran Hasan 1989: Belastungen und Bewältigungsstrategien bei Jugendlichen aus der Türkei. Eine theoretische und empirische Studie. München.

Diederichsen Diedrich 1993: Freiheit macht arm. Das Leben nach Rock 'n' Roll, 1990 - 1993. Köln.

Diezinger Angelika 1988: Mädchen in der Jugendforschung - aktuelle Entwicklungen. In: Klüter Heinz-Hermann (Hg.): Handbuch der Jugendforschung. Opladen, S. 144 - 155.

Emmenegger Michael 1990: Der Gegenstand bestimmt die Methode oder die Jugendlichen stehen im Mittelpunkt. Regio Basiliensis 31/3. Basel, S. 205 - 212.

Emmenegger Michael 1991: Der Traum von der Rückkehr - Ein Beitrag zur Situation der Rückwanderung und Reintegration kapverdischer ArbeitnehmerInnen in Basel. In: Simko Dusan: Kapverdische Immigration in Basel, Basler Feldbuch Bd. 9. Basel, S. 43 - 61.

Emmenegger Michael 1993: Armut in der Schweiz. Oberseminararbeit. Geographisches Institut Basel (unveröffentlicht).

Essinger Helmut, Hellmich Achim, Hoff Gerd 1981: Ausländische Kinder im Konflikt. Zur interkulturellen Arbeit in Schule und Gemeinwesen. Königstein.

Feministische Organisation von Planerinnen und Architektinnen - FOPA e. V. (Hg.) 1993: Frei - Räume. Raum greifen und Platz nehmen. Dokumentation der 1. Europäischen Planerinnentagung. Sonderheft 1992/1993. Dortmund.

Foucault Michel 1986: Der Gebrauch der Lüste. Sexualität und Wahrheit Bd. 2. Frankfurt a. M.

Glöckler Ulrich 1988: Aneignung und Widerstand. Eine Feldstudie zur ökologischen Pädagogik. Stuttgart.

Gregory Derek, Urry John (Ed.) 1985: Social Relations and Spatial Structures. London.

Griese Hartmut M. (Hg.) 1984: Der gläserne Fremde; Bilanz und Kritik der Gastarbeiterforschung und der Ausländerpädagogik. Opladen.

Hamburger Franz, Seus L., Wolter, O. 1984: Über die Unmöglichkeit Politik durch Pädagogik zu ersetzen. In: Griese Hartmut M. (Hg.): Der gläserne Fremde. Opladen, S. 37 - 45.

Hard Gerhard 1988: Umweltwahrnehmung und mental maps im Geographieunterricht. In: Praxis Geographie. Jg.18, H. 7/8, S. 14-17.

Harms Gerd, Preissing Christa, Richtermeier Adolf 1985: Kinder und Jugendliche in der Grossstadt. Zur Lebenssituation 9-14-jähriger Kinder und Jugendlicher. Stadtlandschaften als Bezugsrahmen pädagogischer Arbeit: Berlin -Wedding und Berlin - Spandau, Falkenhager Feld. Berlin.

Heitmeyer Wilhelm (Hg.) 1986: Interdisziplinäre Jugendforschung. Fragestellungen, Problemlagen, Neuorientierungen. Weinheim und München.

Hesse Joachim J. (Hg.) 1988: Zukunftswissen und Bildungsperspektiven. Baden-Baden.

Hoffman Eva 1993: Lost in Translation - Ankommen in der Fremde. Frankfurt a. M.

ILS-Schriften 62 1992: Stadtkinder. Stadtentwicklungspolitische Aspekte veränderter Lebenslagen von Kindern. Herausgegeben vom Institut für Landes- und Stadtentwicklungsforschung des Landes Nordrhein-Westfalen. Dortmund.

Jacob Joachim 1984: Umweltaneignung von Stadtkindern. Wie nutzen Kinder den öffentlichen Raum? In: Zeitschrift für Pädagogik, 30. Jg., Nr. 5.

Jäggi Christian, Mächler Thomas 1989: Armut - ein Mangel an Lebensqualität. In: Buhmann Brigitte, Enderle Georges, Jäggi Christian, Mächler Thomas: Armut in der reichen Schweiz. Eine verdrängte Wirklichkeit. Zürich, S. 7 - 114.

KAKADU: Zeitschrift der Fremdsprachenklassen von Basel-Stadt, 1992, Nr. 8; 1993, Nr. 9.

Kalpaka Annita 1991: Die Hälfte des (geteilten) Himmels: die "Ausländerin". In: Widerspruch 21. Beiträge zur sozialistischen Politik: Neuer Rassismus. 11. Jg.. Zürich.

Kilchenmann Ulla 1992: Flexibel - flexibilisiert? Chancen und Gefahren der Teilzeitarbeit von Frauen. Zürich.

Koch-Arzberger Claudia 1985: Die schwierige Integration. Die bundesrepublikanische Gesellschaft und ihre fünf Millionen Ausländer. Beiträge zur sozialwissenschaftlichen Forschung, Bd. 80. Opladen.

Kreckel Reinhard (Hg.) 1983: Soziale Ungleichheiten. Soziale Welt, Sonderband 2. Göttingen.

Krüger Heinz-Hermann (Hg.) 1988: Handbuch der Jugendforschung. Opladen.

Krüger Heinz-Hermann 1988: Geschichte und Perspektiven der Jugendforschung - historische Entwicklungslinien und Bezugspunkte für eine theoretische und methodische Neuorientierung. In: Handbuch der Jugendforschung. Opladen, S. 13 - 26.

Laschinger Werner, Lötscher Lienhard 1978: Basel als urbaner Lebensraum. Basler Beiträge zur Geographie, Heft 22/23. Basel.

List Elisabeth 1993: Gebaute Welt - Raum, Körper und Lebenswelt in ihrem politischen Lebenszusammenhang. In: FOPA e. V. (Hg.): Frei - Räume. Raum greifen und Platz nehmen. Dokumentation der 1. Europäischen Planerinnentagung. Sonderheft 1992/93. Dortmund, S. 54 -70.

Lötscher Lienhard, Winkler Justin 1984: Basels "letzte" Quartiere? Klybeck-Nord und Kleinhüningen als Lebensraum. Basler Feldbuch Bd. 4. Basel.

Lowe Marcia D. 1992: Gestaltung der Städte. In: Worldwatch Institute Report (Hg.): Zur Lage der Welt 1992. Daten für das Überleben unseres Planeten. Frankfurt a.M., S.168-198.

Luca-Krüger Renate 1990: Räume - Träume - Wirklichkeit:. Raumerfahrung im Licht geschlechtsspezifischer Prägung. In: Praxis Geographie, Jg. 20, Heft 6, S. 35 - 39.

Mäder Ueli, Biedermann Franziska, Fischer Barbara, Schmassmann Hector 1991: Armut im Kanton Basel-Stadt. Social Strategies, Vol. 23. Basel.

Massey Doreen 1985: New Directions in Space. In: Gregory Derek and Urry John (Ed.): Social Relations and Spatial Structures, London, S. 9 - 19.

Massey Doreen 1993: Raum, Ort und Geschlecht. Feministische Kritik geographischer Konzepte. In: Bühler Elisabeth (Hg.): Ortssuche: Zur Geographie der Geschlechterdifferenz. Schriftenreihe/Verein Feministische Wissenschaft. Zürich, Dortmund, S.109 -121.

Matter Willi 1993: Einführung in das SAS-System. Amt für Informatik, Basel (unveröffentlicht).

May Michael, Prondczynsky Andreas von 1988: Kulturtheoretische Ansätze in der Jugendforschung. In: Krüger Heinz-Hermann (Hg.): Handbuch der Jugendforschung. Opladen, S. 95 - 112.

Meier Verena 1989: Frauen - Leben im Calancatal. Cauco.

Meier Verena 1993: (Ohne Titel). In: Regio Basiliensis 34/2. S. 145 - 146.

Muchow Martha, (Muchow Hans Heinrich) 1935: Der Lebensraum des Grossstadtkindes. Reprint Bensheim, 1978.

Müller Hans-Ulrich 1992: Kindheit im Wandel - Soziale und kulturelle Veränderungen der Lebensphase Kindheit. In: ILS-Schriften 62: Stadt-Kinder, Stadtentwicklungspolitische Aspekte veränderter Lebenslagen von Kindern. Dortmund, S. 7 - 11.

Olk Thomas 1986: Jugend und Gesellschaft. Entwurf für einen Perspektivenwechsel in der sozialwissenschaftlichen Jugendforschung. In: Heitmeyer Wilhelm (Hg.): Interdisziplinäre Jugendforschung. Weinheim, München, S. 41 - 62.

Preuss-Lausitz Ulf u.a. 1989: Kriegskinder, Konsumkinder, Krisenkinder. Zur Sozialisationsgeschichte seit dem Zweiten Weltkrieg. Weinheim, Basel.

Rauschenbach Brigitte, Zeiher Helga 1993: Alltagsverhalten von Mädchen im öffentlichen Raum. In: Feministische Organisation von Planerinnen und Architektinnen - FOPA e. V. (Hg.): Frei - Räume. Raum greifen und Platz nehmen. Dokumentation der 1. Europäischen Planerinnentagung. Sonderheft 1992/1993. Dortmund, S. 132 - 166.

Rossé Francis, Lötscher Lienhard 1990: Freiraumsituation Basel. Basler Feldbuch Bd. 8.

Rossé Francis 1991: Freiräume in der Stadt. Basler Beiträge zur Geographie, Heft 40. Basel.

Schrader Achim, Nikles Bruno W., Griese Hartmut M. 1976: Die zweite Generation. Sozialisation und Akkulturation ausländischer Kinder in der Bundesrepublik, Kronberg.

Schütze Fritz, Meinefeld Werner, Springer Werner, Weymann Ansgar 1980: Grundlagentheoretische Voraussetzungen methodisch kontrollierten Fremdverstehens. In: Arbeitsgruppe Bielefelder Soziologen (Hg.): Alltagswissen, Interaktion und gesellschaftliche Wirklichkeit 1 + 2. Opladen, S. 433-495.

Simko Dusan (Hg.) 1991: Kapverdische Immigration in Basel, Basler Feldbuch Bd. 9.

Stadt Freiburg 1992: Das Sozial- und Jugenddezernat informiert: Situation von Kindern in der Stadt Freiburg im Breisgau.

Steffen Christine, Walder Patrick 1993: Denn sie wisssen nicht, was tun. Dossier Jugend und Freizeit. Wochenzeitung (WoZ), Nr. 15.

Stoffel Edith 1989: Konzept eines Deutschunterrichts an den Fremdsprachenklassen im Hinblick auf die künftige Orientierungs- und Weiterbildungsschule in Basel-Stadt. Lizentiatsarbeit. Basel.

Strech Marlies 1993: "Mädchen werden Sekretärinnen, Buben Sachbearbeiter". Projekt zur Förderung junger Frauen im kaufmännischen Berufsfeld. Tages-Anzeiger, S. 7.

Suter Ruedi 1993: Über den Rhein nach "Klein-Pazarcik". Die Basler Kurdenkolonie. Neue Zürcher Zeitung - Folio, Nr. 11. S. 39 - 42.

Vaskovics Laszlo A. (Hg.) 1982: Raumbezogenheit sozialer Probleme. Beiträge zur sozialwissenschaftlichen Forschung, Bd. 35. Opladen.

Walz Hans D. 1980: Zur Situation von jugendlichen Gastarbeitern in Familie, Freizeit, Schule und Beruf. Herausgegeben von: Arbeitsgruppe Modellprogramm für ausländische Kinder und Jugendliche. München.

Weber Cora 1989: Selbstkonzept, Identität und Integration. Eine empirische Untersuchung türkischer, griechischer und deutscher Jugendlicher in der Bundesrepublik Deutschland. Berlin.

Willis Paul 1979: Spass am Widerstand. Gegenkultur in der Arbeiterschule. Frankfurt a.M.

Worldwatch Institute Report (Hg.) 1992: Zur Lage der Welt 1992. Daten für das Überleben unseres Planeten. Frankfurt a. M.

Zeiher Helga 1989: Die vielen Räume der Kinder. Zum Wandel räumlicher Lebensbedingungen seit 1945. In: Preuss-Lausitz Ulf u.a.: Kriegskinder, Konsumkinder, Krisenkinder. Zur Sozialisationsgeschichte seit dem Zweiten Weltkrieg. Weinheim, Basel, S. 176 - 195.

Zinnecker Jürgen 1979: Strassensozialisation. Versuch einen unterschätzten Lernort zu thematisieren. In: Zeitschrift für Pädagogik 5, S. 727 - 747.

Zinnecker Jürgen 1986: Jugend im Raum gesellschaftlicher Klassen. Neue Überlegungen zu einem alten Thema. In: Heitmeyer Wilhelm (Hg.): Interdisziplinäre Jugendforschung. Weinheim und München, S. 99 - 132.

Zinnecker Jürgen 1988: Zukunft des Aufwachsens. In: Hesse Joachim J. (Hg.): Zukunftswissen und Bildungsperspektiven. Baden-Baden, S. 119 - 139.

Züfle Manfred 1991: "hast noch Söhne, ja". Schweizergeschichte jugendfrei. Zürich.

NACHWORT VON DR. CRISTINA ALLEMANN-GHIONDA

Es gehört zu den Gemeinplätzen über Kinder mit einem Migrationshintergrund zu behaupten, sie seien in keiner Kultur so richtig zuhause: eine Weder-Noch-Generation. Es muss sich um ein Vorurteil handeln, denn in der Schweiz sind erst wenige Forschungsarbeiten qualitativer Art der Frage nachgegangen, wie sich das Leben junger Menschen zwischen zwei Kulturen oder im Übergang von einer Kultur zur anderen gestaltet. Die Frage, ob Migrantenkinder (in der Schweiz geboren oder im Rahmen des Familiennachzugs eingewandert) sich "weder" der Herkunftskultur "noch" der Kultur des Einwanderungslandes zugehörig fühlen und wie sie wahrgenommen werden, wurde bisher schon gar nicht überzeugend beantwortet. Die Untersuchung von Michael Emmenegger ist willkommen, denn sie liefert wertvolles Material, um diese Lücke zu schliessen und Vorurteile zu revidieren. Die Untersuchung handelt von elf- bis siebzehnjährigen Migrantenkindern, die es im Alter der Adoleszenz nach Basel verschlagen hat, und von ihrem Verhältnis zum Raum. Sie handelt auch vom Platz, den die Jugendlichen in diesem Raum einnehmen. Einen Raum für sie gibt es weder physisch, noch ideel, noch kulturell, und die Jugendlichen werden in Basel nie den festen Platz finden, den sie zuhause hatten. Das ist eine zentrale Aussage der Untersuchung. Ist dies nun der Beweis dafür, dass neuzugezogene Kinder und Jugendliche "Wedernoch-Geschöpfe" sind?

Ich denke, das ist nicht die Frage. Vielmehr geht es dem Autor darum herauszufinden, wie die Jugendlichen ihre Übergangsrealität erleben, was sie daraus machen und wie sie darüber reflektieren. Die Auseinandersetzung mit einer neuen, nicht selbst gewählten Umgebung erfolgt einmal in der Schule. Hier sind die Reaktionen der Jugendlichen verhältnismässig leicht zu beobachten. Zwar ist nicht immer gewährleistet, dass Lehrkräfte über das nötige Wissen und Feingefühl verfügen, um die mit Migration verbundenen Erlebnisse und Gefühle und die dazugehörende Dynamik nachzuvollziehen und aufzufangen. Aber die Schule ist ein sozial eingegrenzter, relativ kontrollierter Raum, in dem der junge Mensch, wenn er Glück hat, Geborgenheit, Gespräche und strukturierte Zeitgestaltung mit einer Auswahl vorgegebener Inhalte findet.

Der Freizeitbereich hingegen ist Niemandsland. Kaum etwas ist bekannt über die Art und Weise, wie junge Migrantinnen und Migranten sich in diesem Niemandsland bewegen und wie sie darüber sprechen. Hier spielt sich aber ein grosser Teil der Identitätssuche der neuzugezogenen Jugendlichen ab. Die Zeit nach und ausserhalb der Schule ist die Zeit, während der die Knaben ihren Streifraum, wie ihn Emmenegger nennt, abstecken, erweitern und immer weiter erkunden. Der Bewegungsradius der Mädchen ist bedeutend kleiner - im übrigen betrifft das nicht nur besonders patriarchalisch erzogene Mädchen aus Süd- und Südosteuropa, sondern junge Frauen schlechthin. Die Weichen für ungleiche Voraussetzungen beim Übergang ins Erwachsenenalter wurden früher gestellt, aber hier, in der deutlich geringeren Bewegungsfreiheit der Mädchen, werden die ersten diskriminierenden Folgen der Differenzierung sichtbar. Junge Migrantinnen und Migranten haben in Basel weniger Raum und weniger für sie geeignete und angenehme Orte zur Verfügung als in den Dörfern oder Städten, in denen sie aufgewachsen sind. Und doch beklagen sie sich nicht. Die Tatsache, dass sie im Wohnraum wenige Quadratmeter mit den Eltern und Geschwister teilen müssen, scheinen sie nicht als Belastung zu empfinden. Die Raumknappheit wird kompensiert durch die Zufriedenheit und das Glück, nach einer langen Trennung mit beiden Eltern zu leben. Vielleicht täuscht aber auch der vermehrte materielle Konsum über Gefühle des Unbehagens hinweg. Das Fehlen von Raum und Orten wird eher ausserhalb der Wohnungen zu einem Problem. Viele wünschen sich Jugendtreffpunkte, und zwar ohne Drogen und Alkohol, denn davor haben sie Angst.

Das Weggehen von der Heimat hat bedeutet, Freundinnen und Freunde zurückzulassen. Nur mühevoll können die Jugendlichen neue Freundschaften aufbauen. Das lässt sich so schnell nicht bewerkstelligen. Es gibt ein nicht geringes sprachliches Problem - immerhin müssen die neu eingewanderten Jugendlichen gleichzeitig die Standardsprache Deutsch für die Schule und den Dialekt für die Kommunikation im Alltag erlernen. Die Schwierigkeit, neuen Anschluss zu finden, fällt zudem in eine Zeit, in der der junge Mensch zwischen den zwei Welten der Kindheit und der Jugend seine Identität weiterentwickelt. Er muss diese Leistung bei gleichzeitigem abruptem Übergang von einer eher ländlichen zu einer städtischen Kultur vollbringen. In vielen Fällen kommt die Konfrontation mit unbekannten Werten und Normen hinzu, die von einem anderen religiösen Hintergrund geprägt sind. All das erleichtert die Kommunikation nicht. Keine oder nur oberflächliche Freundschaften zu haben, das verstärkt Gefühle der Nostalgie. *"Ich bin nur mit dem Körper hier, mit dem Kopf bin ich gar nicht hier."* Kein Wunder, dass von 99 Befragten 41 die Frage, ob sie zurückkehren wollen, mit "ja, ganz sicher" beantworten. Der Rückkehrmythos ist unter Migrantinnen und Migranten der ersten Generation verbreitet. Häufig entbehrt diese Haltung und Hoffnung jeglicher rationaler Grundlage, wie man bei denjenigen Familien feststellen muss, die seit Jahrzehnten von einer "baldigen" Rückkehr träumen. Menschen ohne einschlägige eigene Erfahrung und ohne ausreichende Kenntnisse über Migration pflegen verständnislos und gereizt darauf zu reagieren. Dass auch neuzugezogene Jugendliche einen Rückkehrmythos pflegen, mag verwundern - schliesslich durften sie zu ihren Eltern und Geschwistern ziehen und in einigen Fällen ein Kriegsgebiet verlassen. Aber ihre Geschichte und die vielen damit verbundenen Brüche erklären die starke Bindung an die Personen und an die Orte, die sie zurücklassen mussten. Selbst bei einer relativ kleinen Stichprobe von 99 Jugendlichen treten deutliche Unterschiede hervor. Von den Befragten möchten elf entschieden in der Schweiz bleiben. Und 47, also fast die Hälfte, geben eine vage oder offene Antwort, mögen sich nicht festlegen.

Das Thema "Rückkehr" zeigt vielleicht am besten, wie intensiv sich Migrantinnen und Migranten mit ihrem Dasein zwischen zwei Lebenswelten beschäftigen. Umso schwerer tun sich Jugendliche damit. Und trotzdem: der Wille, die eigene Zukunft zu gestalten, ist da. *"Ja, jetzt will ich arbeiten und meinem Vater helfen. (...) Sicher will ich eine Arbeit. Ja, ich kann doch (ins Gymnasium gehen), wenn ich abends zwei oder drei Stunden putze, das will ich."* Ich habe diese wenigen Impressionen herausgegriffen, um die menschliche Wirklichkeit in konzentrierter Form zu illustrieren, die eigentlich gemeint sein sollte, wenn eine leere Worthülse wie "Weder-noch-Generation" ins Spiel gebracht wird. Hinter diesem oft gedankenlos gebrauchten Schlagwort versteckt sich eine verkannte Wirklichkeit. Sie verweist auf einige Gesetzmässigkeiten der

Beziehung zwischen Mehrheit und Minderheiten, insbesondere vor dem Hintergrund der Migration. Die ansässige Mehrheit (also die "Einheimischen") verlangt meist stillschweigend, manchmal aber auch lauthals, dass die eingewanderte Minderheit sich an die örtliche Kultur anpasst. Assimiliation heisst der Fachausdruck dafür. Meistens ist es für "Einheimische" unbegreiflich, dass Ausländer diesem Druck nicht selbstverständlich nachgeben.

Wer als Erwachsener einwandert oder als Kind oder Teenager durch die Umstände zum Migranten oder zur Migrantin gemacht wird, muss alle Schritte vollziehen, die dazu nötig sind, eine unbekannte Kultur, das heisst eine unbekannte Lebenswelt kennenzulernen und sich darin möglichst passend zu verhalten. Die mitgebrachten Werte, Normen, Vorstellungen und Erwartungen verändern sich mit der Zeit. Der eingewanderte Mensch ist ein Monat oder dreissig Jahre nach der Einwanderung nicht mehr derselbe wie zuvor. Nur, das Ergebnis dieser Wandlung ist meistens "weder" dasjenige, dass die Einheimischen gerne hätten, "noch" dasjenige, das die zurückgebliebenen Verwandten und Freunde gekannt haben. Die Migrantin, der Migrant baut eine neue, originelle Identität. Diese an sich kreative Leistung wird meistens nicht anerkannt. Konkret wirkt sich das zum Beispiel so aus: der junge eingewanderte Mensch wird mühsam zweisprachig, was viele seiner einheimischen Kameraden nicht sind, aber er wird jahrelang zum Fremdsprachigen abgestempelt, der die Sprache des Einwanderungslandes nicht beherrscht. Stattdessen könnte die Schule seine zusätzlichen Kenntnisse und Fähigkeiten würdigen. Eine zusammengesetzte kulturelle Identität (die Sprache ist nur eine Facette davon) sprengt eine einsprachige und monokulturelle Norm, die zwar nicht angeboren ist, aber in den Menschen sehr tief sitzt. Das Bildungssystem züchtet und unterhält diese Norm, und zwar in jedem Land. Weitere gesellschaftliche und politische Faktoren verstärken die einsprachige und monokulturelle Norm. Diese wird zum Kitt der nationalen Identität und dient der ethnischen Abgrenzung, die wiederum der Stärkung der nationalen Identität dienlich ist: ein Mechanismus, der ein unverkrampftes Verhältnis zum Fremden nicht gerade begünstigt.

Das eigentliche Problem der Beziehung zwischen Mehrheit und Minderheiten ist also das Verhältnis zum Verschiedenen, zum Fremden: *"Die Schweiz ist Schwein"* war die erste Reaktion eines unserer jungen Freunde. Keine der mir bekannten Analysen dieser urmenschlichen Schwierigkeit, sich mit dem Verschiedenen, dem Anderen, dem Fremden zu arrangieren, vermag mich zu befriedigen.

Es bleibt nur übrig festzustellen, dass unter günstigen Umständen die ursprüngliche Ablehnung sich relativ rasch zugunsten einer wohlwollenden Einstellung wandeln kann: *"Zuerst ich denke: Schweiz ist Schwein, aber jetzt ist besser"*. Spiegelbildlich wäre es spannend zu untersuchen, wie einheimische Jugendliche auf neuzugezogene Gleichaltrige zuerst reagieren und wie und weshalb sich deren Einstellung allenfalls ändert - ebenfalls ein so gut wie unerforschtes Thema. Was trägt dazu bei, dass es irgendwann für den einzelnen leichter wird, mit dem fremd anmutenden Menschen und mit der unbekannten Situation fertigzuwerden?

Die Ergebnisse dieser Untersuchung bestätigen, dass Institutionen zwar nicht die gesamte Verantwortung übernehmen, aber doch eine herausragende Rolle spielen können. Die Institution Schule kann einiges verderben, wenn sie die komplexen Erlebnisse, Probleme, mitgebrachten

Kenntnisse und Fähigkeiten der Migrantenkinder ignoriert und sie deren Assimilation voranzutreiben versucht. Assimilation lässst sich aber nicht forcieren. Die Verluste, die eine derartige Strategie verursacht, sind hinreichend untersucht worden. Die Schule kann jedoch viel tun, um das Potential, das in den Kindern steckt, nicht zu unterdrücken, sondern im Gegenteil zur Entfaltung zu verhelfen. Die Schule kann viel zur Integration, also zur Teilhabe an gesellschaftlichen Strukturen und Tätigkeiten beitragen, indem sie neuzugezogene Kinder und Jugendliche möglichst bald ohne Sonderbehandlung (die segregierend sein kann) sozialisiert. Die Schule kann auch allen Kindern helfen, das Verschiedene nicht abzulehnen, sondern zu erkunden und als normal zu akzeptieren. Das wird sie aber schwerlich tun können, wenn ihr tragendes Prinzip weiterhin die Unterteilung in eine vorherrschende, implizit bessere Kultur und in untergeordnete Subkulturen bleibt.

Im Freizeitbereich wickeln sich vermutlich Prozesse ab, die für die Kommunikation zwischen "einheimischen" und "fremden" Jugendlichen ebenso entscheidend sind. Findet in der Freizeit eine räumliche Segregation statt - hier die Schweizer, dort die Ausländer? Es ist bekannt, dass Migrantenvereinigungen eher für die erste Generation von Migranten attraktiv sind; für junge Leute sind andere Formen des Zusammenschlusses nötig. Arbeiten zuständige Institutionen und Gremien gezielt darauf hin, mit den Jugendlichen gemeinsame Orte und Aktivitäten aufzubauen, in denen auch neuzugezogene Migrantenkinder einen für sie richtigen Platz finden? Ich wünsche mir, dass dieses Buch die Aufmerksamkeit und Sympathie für diese Bevölkerungsgruppe fördert und vor allem im etwas vernachlässigten nichtschulischen Bereich sinnvolle Taten nach sich zieht.

8. ANHANG

8.1 Tabellen

Tabelle 1: Herkunft der SchülerInnen der Fremdsprachenklassen der Sekundarstufe in Basel und der SchülerInnen aus der schriftlichen Befragung im Klingentalschulhaus.

	im März 1993	15. Sept. 1993	Befragung
Ex-Jugoslawien (Total)	235	199	39
"Jugoslawien"		124	16
Bosnien		46	9
Kosovo-Albanien		16	6
Mazedonien		11	6
Kroatien		2	2
Türkei	239	159	38
Spanien	31	15	5
Portugal	20	14	1
Italien	19	14	5
Sri Lanka	29	16	3
Kamerun	7		
Schweiz	6		
Dominikanische Republik	6	2	
Thailand	5		
Ungarn	4		2
Philippinen	4	2	
Brasilien	4		
Polen	3		
Marokko	2		
Indien	2	2	1
Tschechien	3		2
Elfenbeinküste	1		1
Irak			1
verschiedene weitere Länder *	11		
TOTAL	636	451	99

* Im März 1993 war noch je ein/e SchülerIn aus folgenden Ländern in den Fremdsprachenklassen: Algerien, Australien, El Salvador, Ghana, Grossbritannien, Kapverden, Kenia, Korea, Russland, Tunesien, Vietnam.

Tabelle 2: Altersverteilung der befragten SchülerInnen der Fremdsprachenklassen des Klingentalschulhauses (FSK) und der Real- und SekundarschülerInnen (Real- und Sek.)

Alter	FSK	Real- und Sek.
11 Jahre	9*	2
12 Jahre	18	7
13 Jahre	15	26
14 Jahre	17	20
15 Jahre	14	27
16 Jahre	18	11
17 Jahre	8	1
Total	99	94

* da ich mit den Fragebogen 99 SchülerInnen des Klingentalschulhauses befragt habe, können die absoluten Zahlen auch als Prozentzahlen gelesen werden.

Tabelle 3: Verteilung Mädchen - Knaben

	FSK	Real- und Sek.	Total
Mädchen	43	48	91
Knaben	56	46	102
Total	99	94	193

Tabelle 4: Verteilung nach Alter und Geschlecht

Alter	Mädchen FSK	Knaben FSK	Mädchen Real- u. Sek.	Knaben Real- u. Sek.	Total FSK + Real- u. Sek.
11 Jahre	4	5	2	-	11
12 Jahre	8	10	4	3	25
13 Jahre	7	8	14	12	41
14 Jahre	9	8	8	12	37
15 Jahre	6	8	14	13	41
16 Jahre	7	11	6	5	29
17 Jahre	2	6	-	1	9
Total	43	56	48	46	193

Tabelle 5: Aufenthaltsdauer der neuzugezogenen fremdsprachigen Jugendlichen in der Schweiz*

Aufenthaltsdauer	Anzahl
6-10 Monate	11
11-15 Monate	20
16-21 Monate	17
22-27 Monate	40
28-39 Monate	10

* Ein Fragebogen war ohne Antwort.

Tabelle 6: Aufenthaltsdauer der Eltern in der Schweiz

Aufenthaltsdauer	Anzahl Väter	Anzahl Mütter
1 Jahr	-	10
2 Jahre	2	26
3 Jahre	-	12
4 Jahre	-	7
5 Jahre	5	6
6 Jahre	7	2
7 Jahre	6	9
8 Jahre	5	1
9 Jahre	8	3
10 Jahre	13	-
11-15 Jahre	22	5
16-20 Jahre	8	5
21-25 Jahre	7	1
26-37 Jahre	4	-

Tabelle 7: Freizeitaktivitäten in der Heimat der fremdsprachigen Jugendlichen

lesen	11
fernsehen	12
Musik hören	13
Spiele, aus der Heimat	41
Freunde und Freundinnen getroffen, reden	24
spazieren, hinausgehen, in einen Park gehen	36
mit Eltern ewas unternehmen, Pick-Nick	3
Verwandte besuchen oder Besuch haben	5
zeichnen oder basteln	2
Mithilfe im Haushalt	8
Sport	5
Arbeiten (für Geld)	3
auf dem Bauernhof mithelfen	5
Disco, Kino, Party	11
Ballspiele (Fussball, Volley, Basket)	34
Velofahren (und Mofafahren)	15
schwimmen, im Schwimmbad	16
Natur erleben, Abenteuer, (Fischen, Reiten, Wandern)	9
Hausaufgaben	11
anderes	5
TOTAL	269 Nennungen

Tabelle 8: "Rangliste" der Freizeitaktivitäten von neuzugezogenen Jugendlichen und von Real- und SekundarschülerInnen. In Klammern stehen die Anzahl Nennungen

	FSK	Real- u. Sek
1.	Musik hören (82)	Musik hören (87)
2.	Fernsehen (79)	FreundInnen treffen (75)
3.	Park, spazieren (69)	Fernsehen (72)
4.	Lesen (63)	in die Stadt gehen (58)
5.	Stadt (53)	Lesen (55)
6.	FreundInnen (51)	Nichts tun (47)
7.	Haushalt (40)	Warenhaus (47)
8.	Mit Geschwistern spielen (35)	Eltern (41)
9.	Nichts tun (35)	Haushalt (41)
10.	Eltern (34)	Instrument (32)
11.	Warenhaus (29)	Verwandte (30)
12.	Verwandte (23)	Park, spazieren (23)
13.	Schulhausplatz (23)	Zeichnen (20)
14.	Instrument (13)	Mit Geschwistern spielen (19)
15.	Zeichnen (13)	Schulhausplatz (17)

Tabelle 9: Freizeitaktivitäten (absolute Zahlen)

Freizeitaktivitäten	Total Nennungen	FSK Gesamt	Real-u.Sek. Gesamt	Mädchen FSK	Mädchen Real-u.Sek.	Knaben FSK	Knaben Real-u.Sek.
lesen	118	63	55	27	34	36	21
fernsehen	151	79	72	36	34	43	38
Musik hören	169	82	87	38	46	44	41
Spiele m. Geschwistern	54	35	19	19	4	16	15
FreundInnen	126	51	75	24	38	27	37
Park, spazieren	92	69	23	27	8	42	15
Stadt	111	53	58	24	24	29	34
Warenhaus	76	29	47	12	18	17	29
Schulhausplatz	39	23	17	7	5	16	12
Eltern	76	34	41	18	21	16	20
Verwandte	53	23	30	12	12	11	18
nichts tun	82	35	47	13	22	22	25
Instrument	45	13	32	5	21	8	11
zeichnen	33	13	20	5	10	8	10
Haushalt	81	40	41	25	27	15	14
Sport	125	53	72	16	33	37	39
Ballspiele	58	30	28	5	7	25	21
Kampfsport	8	4	4	-	2	4	2
Velofahren	18	7	11	3	3	4	7
schwimmen	23	5	18	4	14	1	4
anderes	22	10	13	7	8	3	5
TOTAL	1561	751	810	327	391	424	419
Nennungen/Person	8,1	7,6	8,6	7,6	8,2	7,6	9,1

Tabelle 10: Freizeitaktivitäten am Sonntag vor der Befragung

Freizeitaktivitäten	FSK Total	Real- und Sek. Total
lesen	13	10
fernsehen	55	62
Musik hören	10	14
Spiele m. Geschwistern	21	17
FreundInnen	10	40
Park, spazieren	37	12
Stadt	8	5
Eltern	35	33
Verwandte	16	20
nichts tun	-	3
Instrument spielen, zeichnen	-	3
Haushalt	27	17
Diskothek	6	6
Sport (Ballspiele)	20	25
Velofahren	10	12
schwimmen	15	15
Natur erleben	2	8
Kirche, Moschee	12	4
zu Hause bleiben	57	46
Hausaufgaben	14	13
anderes	4	4
TOTAL	384	379

Tabelle 11: Religion

	FSK	Real- u. Sek.
Christentum	18	1
katholisch	15	30
protestantisch	1	31
orthodox	6	3
Islam	38	8
Alawiten	9	-
Hinduismus	2	1
Sikh	1	-
keine	-	11
andere	4	-
weiss nicht	1	-
keine Antwort	4	1

Tabelle 12: Fernsehdauer der SchülerInnen am Vortag der Befragung

Dauer in Stunden	0	1	2	3	4	5	6	>6	k.A.
Total FSK %*	7	30	21	25	5	4	1	5	1
Total Real-u.Sek. %	23	22	27	7	4	5	2	0	6
Mädchen FSK %	2	28	28	33	7	-	-	1	-
Mädchen Real-u.Sek. %	29	27	25	4	4	-	2	-	4
Knaben FSK %	11	32	16	20	4	7	2	7	2
Knaben Real-u.Sek. %	17	22	28	11	4	11	2	-	4

*Prozentzahlen beziehen sich immer auf eine Gruppe, also nur für FSK-Mädchen, oder Real- u. Sek.-Knaben

Tabelle 13: Lieblingsfilme

Lieblingsfilme	Mädchen FSK	Knaben FSK	Mädchen Real- u. Sek.	Knaben Real- u. Sek.
aus der Heimat	10	9	-	1
Karate	4	24	2	3
Krimi, Horror	2	9	5	16
Vorabendfilme	14	1	18	13
lustige Filme	3	2	6	3
Spielfilme	6	4	10	2
anderes	2	3	2	2
weiss nicht	1	1	-	3
keine Antwort	1	3	5	3
TOTAL	43	56	48	46

Tabelle 14: Warenhausbesuch (in % der einzelnen Gruppen)

in der Woche	Total %	FSK	Real- u. Sek.	Mädchen FSK	Mädchen Real-u.Sek.	Knaben FSK	Knaben Real-u. Sek.
3-4x	23%	28%	18%	35%	15%	23%	22%
1x	41%	42%	39%	35%	42%	48%	37%
weniger	32%	23%	41%	26%	42%	21%	41%
keine Antwort	4%	6%	1%	2%	1%	4%	-

Tabelle 15: Orte, die die SchülerInnen in der Freizeit manchmal aufsuchen (in % der einzelnen Gruppen)

Orte	Total FSK	Total Real-u.Sek.	Mädchen FSK	Mädchen Real-u.Sek.	Knaben FSK	Knaben Real-u.Sek.
Sportklub	27%	46%	16%	40%	36%	52%
Verein	6%	29%	7%	29%	5%	28%
Diskothek	16%	17%	9%	12%	21%	22%
Jugendtreff	5%	18%	-	-	9%	37%
Treffpunkt Landsleute	7%	1%	-	-	13%	2%
Kino	28%	80%	37%	83%	21%	76%
Restaurant	33%	57%	39%	56%	29%	59%
Kunsteisbahn	18%	57%	26%	69%	13%	46%
Schwimmbad	75%	92%	79%	94%	73%	65%
Park	61%	33%	67%	31%	57%	35%
Heimatsprachkurs	5%	5%	-	-	9%	9%
Koranschule	6%	2%	-	-	11%	4%
Schulhausplatz	23%	19%	21%	21%	25%	20%
Total Nennungen	278	412	130	209	148	203
% der Nennungen	40%	60%	38%	62%	42%	58%

Tabelle 16: Mit folgenden Personen verbringen die Jugendlichen meistens die Freizeit (in % der einzelnen Gruppen)

Mit wem meistens?	Total	FSK	Real- u. Sek.	Mädchen FSK	Mädchen Real-u.Sek.	Knaben FSK	Knaben Real-u.Sek.
allein	12%	10%	14%	12%	13%	9%	15%
mit Geschwistern	9%	14%	4%	19%	6%	11%	2%
mit FreundInnen	57%	51%	64%	49%	65%)	54%	63%
mit den Eltern	14%	16%	12%	16%	10%	16%	13%
weiss nicht	4%	4%	4%	-	4%	7%	4%
keine Antwort	3%	4%	2%	7%	2%	2%	2%

Tabelle 17: An folgenden Orten halten sich die Jugendlichen in der Freizeit meistens oder sehr häufig auf (in % der einzelnen Gruppen)

Wo bist du meistens oder sehr häufig	Total	FSK	Real-u. Sek.	Mädchen FSK	Mädchen Real-u.Sek.	Knaben FSK	Knaben Real-u.Sek.
bei einer/m FreundIn zu Hause	48%	37%	58%	44%	58%	32%	59%
auf der Strasse vor dem Haus	17%	18%	15%	16%	13%	20%	20%
irgendwo im Quartier	26%	10%	44%	9%	44%	11%	44%
auf dem Schulhausplatz	3%	5%	1%	-	-	9%	2%
in der Stadt auf einem Platz	19%	12%	25%	4%	23%	14%	28%
in einem Park	34%	55%	14%	51%	13%	57%	15%
in einem Warenhaus	14%	9%	19%	7%	13%	11%	26 %
am Spazieren, durch die Strassen Laufen	21%	16%	25%	23%	27%	11%	24%
woanders	22%	14%	29%	8%	25%	18%	35%
keine Antwort	4%	5%	2%	7%	4%	4%	-
Total Nennungen	394	175	219	73	103	102	116

Tabelle 18: Freizeitkontakt nach Geschlecht (absolute Zahlen)

Mit wem?	Total	FSK	Real-u. Sek.	Mädchen FSK	Knaben FSK	Mädchen Real-u.Sek.	Knaben Real-u.Sek
mit Mädchen und Knaben	120	54	66	26	28	33	33
nur mit Knaben	37	25	12	2	23	2	10
nur mit Mädchen	32	18	14	14	4	12	2
keine Antwort	4	2	2	1	1	1	1

Tabelle 19: Bevorzugte Musikstile der Jugendlichen (absolute Zahlen)

Musikstil	FSK	Real- u. Sek.
aus der Heimat	72	20
Rock	16	32
Disco	50	38
Hip-Hop	7	15
Rap	12	30
Techno	6	30
Grunge	7	4
anderes	1	11
keine Antwort	6	1

Tabelle 20: Gruppenzugehörigkeit (absolute Zahlen)

Gruppen zugehörigkeit	Total	FSK	Real- u. Sek.	Mädchen FSK	Mädchen Real-u.Sek.	Knaben FSK	Knaben Real-u.Sek.
Ja	53	27	26	11	14	16	12
Nein	134	70	64	32	31	38	33
keine Antwort	6	2	4	-	3	2	1

Tabelle 21: Kontakt der neuzugezogenen fremdsprachigen Jugendlichen zu jungen SchweizerInnen und Kontakt der in der Schweiz aufgewachsenen Jugendlichen zu ausländischen Jugendlichen (absolute Zahlen)

	Kontakt zu jungen SchweizerInnen (FSK-SchülerInnen)			Kontakt zu jungen AusländerInnen (Real- und SekundarschülerInnen)		
	Gesamt	Mädchen	Knaben	Gesamt	Mädchen	Knaben
ja	53	21	32	45	21	24
nein	44	22	22	48	27	21
keine Antwort	2	-	2	1	-	1

Tabelle 22: Wunsch nach mehr Kontakt zu jungen SchweizerInnen, resp. jungen AusländerInnen (absolute Zahlen)

	gerne mehr Kontakt zu jungen SchweizerInnen (FSK-SchülerInnen)			gerne mehr Kontakt zu jungen AusländerInnen (Real- und SekundarschülerInnen)		
	Total	Mädchen	Knaben	Total	Mädchen	Knaben
ja	57	25	32	45	27	18
nein	39	18	21	40	18	22
keine Antwort	3	-	3	9	3	6

Tabelle 23: Platzverhältnisse zum Spielen, sich Treffen etc. der neuzugezogenen Jugendlichen in der Heimat, im Vergleich zu Basel (absolute Zahlen)

	Total	Mädchen	Knaben
in der Heimat mehr Platz als in Basel	75	30	45
in der Heimat weniger Platz als in Basel	8	4	4
ungefähr gleichviel Platz	14	8	6
keine Antwort	2	1	1

Tabelle 24: Halten sich die Jugendlichen in der Freizeit lieber zu Hause oder draussen auf (in Prozent der einzelnen Gruppen, z.B. Mädchen FSK, Knaben Real- u. Sek.)?

wo lieber	Total	FSK	Real- u. Sek.	Mädchen FSK	Mädchen Real-u.Sek.	Knaben FSK	Knaben Real-u.Sek.
zu Hause	27%	29%	25%	40%	25%	21%	24%
draussen	67%	63%	71%	58%	70%	67%	71%
weiss nicht	5%	5%	4%	2%	4%	7%	4%
keine Antwort	1%	2%	-	-	-	4%	-

Tabelle 25: Rückkehrabsicht der fremdsprachigen Jugendlichen (absolute Zahlen)

Rückkehrabsicht	Anzahl Nennungen
Ja, sicher und sehr gerne	41
Nein, ich möchte hierbleiben	11
Vielleicht einmal	9
Nur für Ferien	30
Ich weiss es noch nicht	8

Tabelle 26: Rückkehrabsicht nach Nationen (absolute Zahlen)

	Ja, sicher	nein	vielleicht	nur Ferien	weiss nicht
Türkei (39)	15	2	3	14	4
Ex-Jugoslawien (15)	6	1	3	3	2
Bosnien (9)	5	-	-	2	2
Kosovo (6)	5	-	-	1	-
Mazedonien (6)	3	-	-	3	-
Italien (5)	2	1	1	1	-
Spanien (5)	4	1	-	-	-
Ungarn (2)	1	-	1	-	-

Tabelle 27: Besitz eines Fahrrades (in Prozent der einzelnen Gruppen)

Hast Du ein Fahrrad?	Total	FSK	Real-u. Sek.	Mädchen FSK	Mädchen Real-u.Sek.	Knaben FSK	Knaben Real-u.Sek.
ja	74%	58%	91%	54%	96%	61%	87%
nein	21%	36%	5%	42%	2%	32%	6%
keine Antwort	5%	6%	4%	4%	2%	7%	7%

Tabelle 28: Fortbewegungsmittel in der Freizeit (absolute Zahlen)

Wie?	Total	FSK	Real-u. Sek.	Mädchen FSK	Mädchen Real-u.Sek.	Knaben FSK	Knaben Real-u.Sek.
Velo	89	29	60	1	32	28	28
Moped	6	3	3	-	-	3	3
Tram	53	37	17	27	10	10	7
zu Fuss	33	25	8	12	3	13	5
keine Antwort	11	5	6	3	3	2	3

Tabelle 29: Taschengeld (absolute Zahlen)

Franken pro Monat	Gesamt	FSK	Real-u. Sek	Mädchen FSK	Mädchen Real-u.Sek.	Knaben FSK	Knaben Real-u.Sek.
1.- bis 39.-	65	22	43	9	27	13	16
40.- bis 69.-	51	30	21	15	12	15	9
70.- bis 119.-	20	15	5	7	1	8	4
120.- bis 170.-	12	9	3	7	1	2	2
> 200.-	5	4	1	-	-	4	1
kriegen kein Taschengeld	16	5	11	3	4	2	7
weiss nicht	16	9	7	1	2	8	5
keine Antwort	8	5	3	1	1	4	2

8.2 Zeichnungen der SchülerInnen der FS 3

Hatices Dorf in der Türkei

Lorenas Dorf in Spanien

Skurthes Zeichnung von der Bärenfelserstrasse in Basel, die wunderbarerweise an den Rhein zu liegen kam

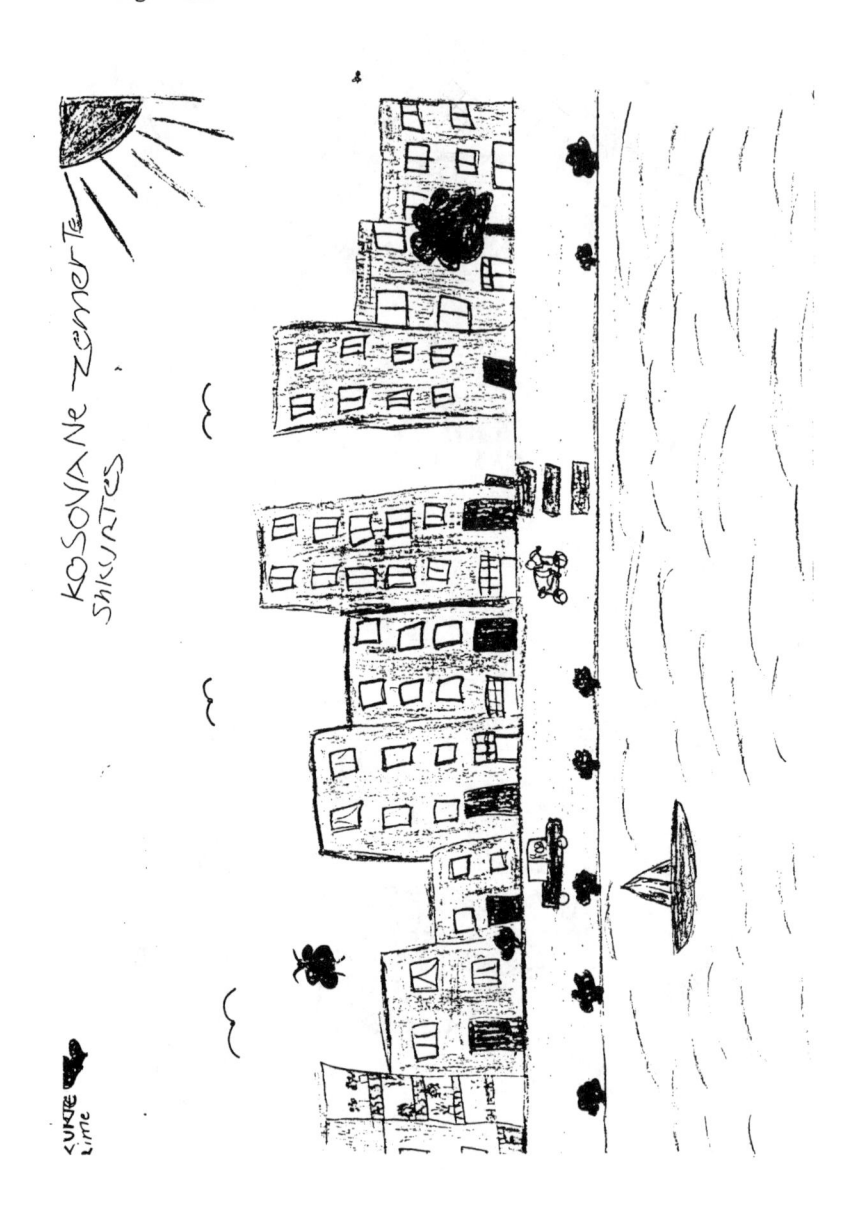

Anhang 129

Zeichnungen von Wohnhäusern der Jugendlichen in der Heimat (Lumturije und Ercan)

Zeichnung des Dorfes, in dem Krunoslav in Kroatien gelebt hat. Der Krieg hat fast das ganze Dorf zerstört, nur sein Haus blieb von den Granaten verschont.

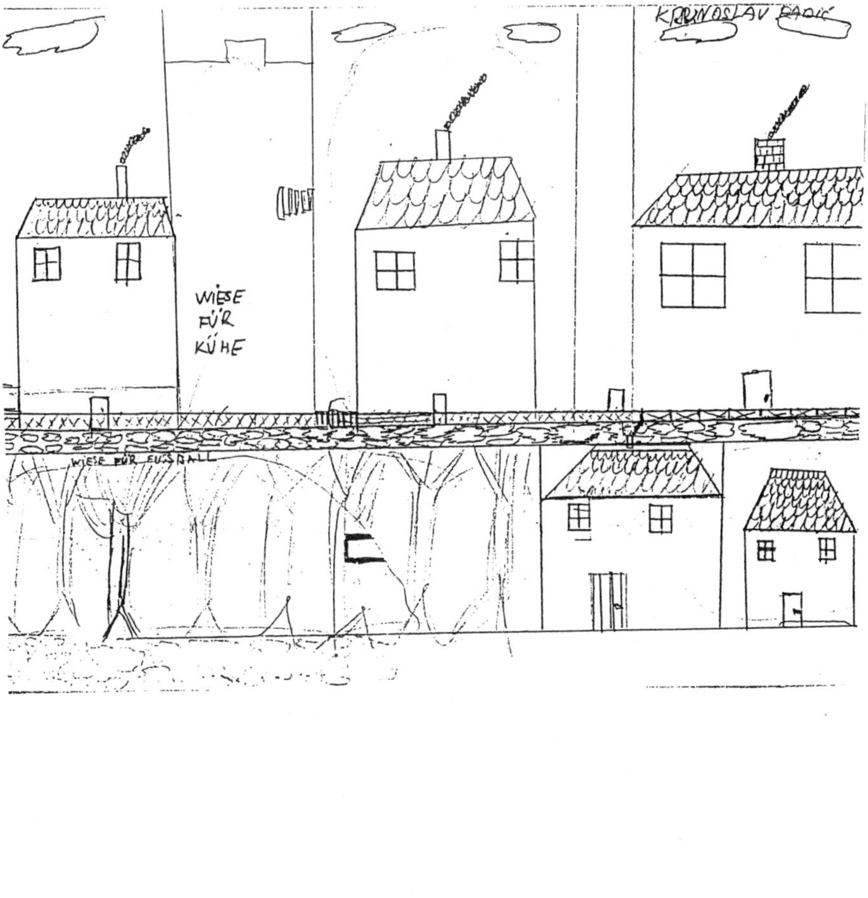
KRUNOSLAV RADIĆ
WIESE FÜR KÜHE
WIESE FÜR FUSSBALL

Zeichnungen von Wohnhäusern der Jugendlichen in der Heimat (Nimetulla und Antonio)

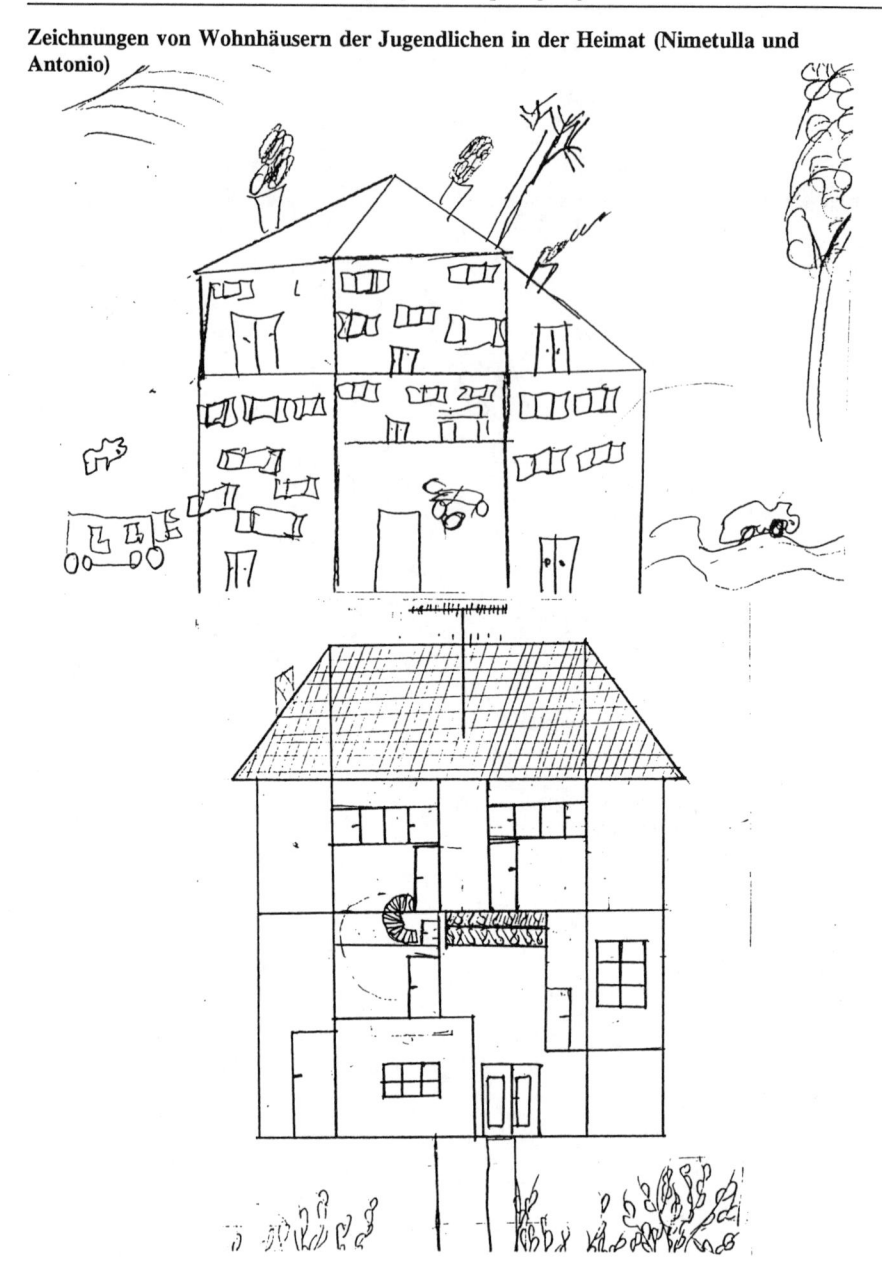

8.3 "Die letzte Seite" - Antworten aus der letzten Seite der schriftlichen Befragung[1]

8.3.1 Antworten der SchülerInnen des Klingentalschulhauses

Frage 43: Als du neu nach Basel kamst, was war das erste, was dir hier aufgefallen ist? Kannst du es kurz beschreiben?

1: Die Strassen und Pärke. (2)
2: Deutsche Sprache gefällt mir. (2)
3: Strassen gefallen und das Tram und Häuser und die Schule. (2)
4: Mir hat die Freunde gefallen und viele Menschen was ich kenne.
7: Alles hat mir gefallen. (2)
9: Die Leute so lieb.
10: Der Park. (3)
12: Hier ist schön Schule, Pärke.
13: Die Messe und tamilischer Laden.
14: Ich habe gedacht das in der Schweiz ist sehr schön. In die Schule ist auch schön. Hat gute Lehrerinnen und gute Freundinnen. Aber in Bosnien ist noch schöner.
16: Mir hat gefallen Rhein, Pärke. Zuhause sind sie kleiner. (2)
18: Ich habe zuerst gedacht, sehr schön. Aber jetzt nicht gut. Menschen von hier sind - schlecht. Basel ist nicht gut. Nur Sachen sind gut.
19: Ich habe zuerst gedacht sehr schön, aber jetzt ist schlecht.
20: Weil Basel eine schöne Stadt ist. In die Schule ist sehr schön. Die Freundinnen sind sehr gute und die Lehrerinnen sind auch gute.
21: Ich habe zuerst alles schön. Ich bin gestern gegangen in diesen Park. Bäume, alles ist schön.
22: Ich habe zuerst alles schön gefunden, aber jetzt ist nicht schön wegen den Hippis. Ich liebe jetzt schwimmen und den Zoo.
24: Die Velos sind mir als erstes aufgefallen.
25: Ich habe die Leute geschaut und der Tram, Bus.
26: Haus, Männer, Baum, Auto, Velo, Kinder. (2)
28: Ich habe die Tram geschaut, die Warenhäuser, die Parks, Bhf SBB. (3)
31: Ich komme zuerst zuhause. Und meine Onkel gehen und Schule kommen.
32: Haus, Polizei, Männer, Häuser, Blumen. (3)
33: Zu meiner Tante gehen, mit Auto spazieren fahren.
37: Nein, ich weiss das nicht mehr. (5)
38: Mir gar nicht gefallen. Gar nichts. (7)
39: Als ich neu hier war, hat mir alles gefallen. Jetzt auch.
41: Die Freunden und Freundinnen. (2)

---

[1] Die Antworten der SchülerInnen sind orthographisch und grammatikalisch nicht bereinigt worden. Die Zahl am Anfang einer Zeile ist die Fragebogennummer. Die Zahlen in Klammern geben die Anzahl gleichlautender Nennungen wieder.

42: Als ich zuerst nach Basel kam war es für mich sehr schwer, weil ich nicht reden konnte. Dann später hat es mir gut gefallen.
44: Das erste mal bin ich in Basel in den Ferien gewesen. Alles gefällt mir.
46: Die Stadt.
48: Als ich in Basel angekommen bin, hat mir die Strasse gefallen.
49: Die Schule.
50: Barfi, weil es ist fast wie meine Stadt in Spanien.
51: Als ich erste mal nach Basel kam, die Schule ist mir aufgefallen. Die Kleider von die Schülerinnen. Weil in der Türkei ganz anders war. Und die Menschen. Es war alles interessant für mich.
52: Es war alles interessant, weil solche Dinge gibt es selten in Jugoslawien. Am meisten die Geschäfte, sie sind so gross und sehr schön.
54: Die Sprache.
55: Die Schule, die Warenhäuser.
57: Ja, die Mädchen und das Tram, die Stadt, das Hallenbad.
58: Alles! (2)
59: Tram, grosse Haus, Kirche, Brücke (2)
61: Mir ist aufgefallen grosse Strasse, grosse Lastwagen, schöne Trams, schöne Auto, grosse Park.
67: Halsweh.
68: Ich bin bereits für Ferien nach Basel gekommen.
72: Herr Wilzeck.
74: Museum, Grün 80, und die vielen verschiedenen Kulturen.
76: Das Wetter.
77: Tinguely- Brunnen.
78: Die Strassen und der Verkehr in Basel.
79: Die vielen Banken. Die saubere Stadt.
80: Ich habe kalt gehabt, alles war schön in Paris. Ich habe viel spaziert in Paris und am Abend war ich mit meiner Mutter in Basel.
81: Die andere Natur in der Schweiz.
84: Ich war in Lausanne, dort war schöner als hier.
85: Mir gefällt Basel.
86: Basel war schön.
87: Ich habe meinen Vater und meine Mutter gesehen.
89: Ich bin mit Flugzeug in die Schweiz gekonnen. Mein Vater war schon vorher hier. Ich weiss nicht, Schweiz ist schöner als Türkei. Ich liebe Schweiz sehr. Ich bin in die Schweiz zum ersten Mal gekommen und ich habe meinem Vater gesagt, ich will immer hier bleiben.
90: Die Jungen. (2)
91: Ich habe schöne Sachen gesehen.
92: Ich habe ein Schiff gesehen.
93: Die vielen Häuser.
96: Mädchen.
97: Grosse Häuser, viele Strassen. Die Sprache, die ich nicht verstanden habe.
98: Ich konnte zuerst kein Deutsch. Ich konnte nirgends hingehen. Das erste was ich gesehen habe, war die Schule.

Frage 44: Angenommen, ein Freund oder eine Freundin aus deiner Heimat, der oder die noch nie in der Schweiz war, besucht dich hier in Basel. Was zeigst du ihm oder ihr?

3: Ja, ich habe Freunde und Freundinnen.
4: Ja, ich besuche. (2)
6: Nichts. (2)
7: Ja, sie besuchen mich. (2)
9: Ein Freund in der Türkei, so lieb ist. (9)
10: Mein Bauch, mein Kopf.
11: Mein Zimmer, (mein Instrument). (3)
12: Ich zeige ihm meine Foto aus Bosnien von meinen Freunden und Freundinnen.
13: Ich habe kein Freund der mich besucht.
14: Ich zeige die Stadt oder die schöne Plätze. Ich zeige die Kaufhäuser. Ich zeige die Pärke.
16: Wenn meine Freundin nach Basel kommt, gehe ich mit ihr spazieren. (2)
18: Ich zeige die Stadt und die Häuser, Schwimmbad. (5)
19: Ich zeige die Pick-Nick.
24: Ich präsentiere mein Haus, Zoo, Rhein, Ciba-Geigy, Rheinbrücke.
26: Mir gefällt nicht Schweiz. Wen ich gehe nach Kosovo meine Grossmutter sagt, warum bleibst du nicht in deiner Heimat in Kosovo. Ich will, dass Kosovo eine Republik wird.
27: Mir gefällt nicht Schweiz. Wenn die Freundin kommt, dann sage ich: du bist dumm, warum kommst du hierher.
28: Ich zeige ein Park, Lange Erlen. (2)
30: Ich zeige meine Strasse.
31: Ich zeige meine Schule, mein Haus. (2)
32: Schweiz ist nicht schön.
34: Mein Freund wird nicht in die Schweiz kommen. Mir gefällt sprechen nicht.
35: Alles! (2)
36: Gar nichts. (2)
37. Ich telefoniere ihnen. (2)
39: Sie ist nicht hier.
40: Bilder von meinen Freunden. In die Stadt gehen.
42: Ich zeige gar nichts. Wir sprechen nur einfach.
45: Meine Freunde waren noch nie hier in Basel.
48: Ich zeige sie die ganze Stadt. Zum Beispiel Münsterplatz, Barfüsserplatz, Marktplatz, Museum etc. (2)
49: Stadt und Orte, wo ich am liebsten gehe.
50: Die Sportplätze, Claraplatz und Barfi. (2)
52: Wie hier ist alles schön. Sicher die Geschäfte, weil in Aleksandrovas sind sie so klein und alle Pärke, die grosse Häuser, Spielplätze.
55: Warenhäuser, Pärke, der Rhein.
58: Alles, das kommt darauf an wieviel Zeit wir haben.
59: Ich zeige mein Park. Ich zeige mein Freund und ich zeige mein Lehrer. (2)
62: Meine Schule, Mustermesse. (2)
65: Schiff, Tram. (3)
67: Meine Spielsachen. (2)
68: Den Zoo, ein Park. (2)

70: Meine Schule. (4) (Kirche)
71: Ich weiss es nicht.
74: Ich gehe spazieren oder in ein Museum.
76: Ich zeige die Münster.
78: Ich zeige die Natur. Gehe in die Berge mit meiner Freundin.
79: Disco, meine Freunde die hier sind, Basel.
81: Die Stadt, Kultur von Schweiz, Zoo, Einkaufzentrum, Discos, Spielsalon, Kinos, Bibliothek, Museum. (2)
83: Die Stadt, den Park zum spazieren.
84: Ich zeige, was ich in der Handarbeit gemacht habe.
85: Kantonsspital, Kinderspital, Museum, Theater, Schiffe.
91: Ich zeige wo ich lebe. Wie ist Basel, was es alles gibt.
92: Ich habe keinen Freund.
97: Stadt, meine Schule, Schwimmbad.
98: Zoo, Schwimmplätze, Sportplätze, Kinos, Drogen
99: Basel und Umgebung, Zoo, Warenhäuser, Alpen.

Frage 45: Gibt es irgend etwas in Basel, das du nicht magst, das du doof oder blöd findest, Strassen, Plätze oder andere Orte, wo du nicht hingehst? Gibt es Sachen, die dir nicht gefallen oder vor denen du Angst hast?

1: In den Strassen hat es viele Hunde, die Kaki gemacht haben. Das gefällt mir nicht.
2: Manche Leute passen nicht auf ihre Hunde auf und der Hund läuft mir nach und die Frau schaut mich gar nicht mehr an.
3: Nein, nichts. (20)
5: Ich mache alles. Ich habe vor niemanden Angst.
6: Es gibt keine Sachen, die mir nicht gefallen.
8: Mir gefällt alles. (3)
10: Ich weiss nicht. (4)
12: Ich habe keine Angst.
14: Ich gehe nachts nicht in die Rheingasse. Abends gehe ich nicht allein in die Stadt.
18: Wenn ich alleine spaziere habe ich Angst. Hier hat es viele Drogensüchtige. Vor denen habe ich gross Angst. (2)
20: Ich finde alles schön. Aber abends gehe ich nicht allein in die Stadt.
23: Mir gefällt alles.
25: Drogensüchtige. (6)
30: Meine Freundinist nicht gut.
31: Meine Strasse ist nicht gut.
32: Sprechen, deutsche Sprache (2)
34: Ich finde gut Plätze und Strassen. Mir gefällt nicht Frankreich.
40: Ich mag gar nichts in Basel. Ich will nicht hier leben.
45: Polizei.
48: Ich finde in Basel die Industrie blöd.
50: Ja, vor dem Kantonsspital gibt es ein Haus, das für die Drogensüchtigen ist (für die drogiert ist), und das gefällt mir nicht.

52: Mir gefallen die Spitäler, am meisten das Kinderspital, weil ich dort fast 4 Monate lang war. Und ich mag auch den Dreirosenpark.
54: Die Schule gefällt mir nicht. Vor Drogen habe ich Angst. (4)
55: Ich habe manchmal Angst vor einigen Menschen, z.b. die Leute, die Kinder nehmen.
58: Ja, ist sehr schwer zu beantworten. Aber ich glaube das gefällt mir nicht, dass, wenn ich einen Türken oder einen Jugoslawen schlagen will, dann kommt noch eine ganze Gruppe und wollen mich fertig machen.
60: Bier trinken. (2)
61: Ich finde Drogen blöd. (3)
65: Claramigros. (Darin kriege ich Erstickungsanfälle.)
68: Ich finde alles toll, schön. (4)
76: Am Rhein.
79: Barfi, Dreirosenpark.
81: Ich habe Angst vor Fixern und deshalb gehe ich nicht an den Rhein.
83: Kleinhüningen gefällt mir nicht.
84: Ich habe Angst, wenn ich am Abend für meinen Vater an der Maschine noch Zigaretten holen muss.
86: Menschen die mit Drogen zu tun haben, gefallen mir nicht.
87: Ich habe Angst vor Hunden.
88: Ich finde nicht gerne die Menschen, die mir schlechte Sachen machen.
89: Ich habe in der Schweiz Drogen nicht gern.
91: Auf die Häuser schreiben die bösen Leute etwas.
93: Ja, Drogen, betrunkene Leute.
99: Abends in die Stadt zu gehen.

Frage 46: Was sollte es in deinem Quartier noch haben? Was würdest du dir wünschen? Gibt es Sachen, von denen du träumst? Was fehlt dir am meisten?

1: Park, spazieren. (2)
2: Im gleichen Haus und mit meinem Vogel.
3: Einen Fussballplatz. (11)
4: Ich wünsche, dass ich eine grosser Kung-Fu Champion werde, wie Bruce-Lee.
5: Ein Haus. (2)
7: Ich hätte gern einen grossen Spielplatz und ein Schwimmbad. (2)
9: Ich möchte viel reicher werden und alles kaufen können. Das ist mein einziger Wunsch.
10: Ich weiss nicht. (14)
12: Mir fehlt mein Haus und meine Familie.
13: Ich will eine eigene Wohnung.
14: Ich wünsche mir nicht mehr.
16: (Mädchen) mehr Freundinnen. (4)
18: Ich wünsche ein türkischsprachiges Fernsehen. Ich wünsche billigere Häuser.
19: Ich will ein Haus. Unseres hat nur drei Zimmer (bei 7 Leuten).
20: Weniger Autos, genug Freundinnen und Freunde, genug Pärke.
24: Nichts. (9) (Ich habe alles.)
30: Ein Computer fehlt. (2)
31: Velo fehlt.

32: Alles nicht schön.
35: Weniger Verkehr. In Drahtzugstrasse gibt es eine Bar, die viel Lärm macht. (2)
45: Nein, wir brauchen das nicht. Für mich ist hier wie in meinem Land (Bosnien).
46: Ich wünsche das ich gesund bin und das ich Glück habe.
49: Ein Haus wo ich mit meine Freundinnen und Freunde treffen kann.
50: Mehr Sportplätze.
52: Ja, ich wünsche mir mein eigenes Zimmer wo ich machen kann was ich will ohne das die andere schauen. (2)
54: Ja, ich würde gerne wieder nach Italien zurückgehen. Das ist mein Traum.
55: Mehr Freunde und Freundinnen und dass ich mehr Deutsch kann.
58: Alles ist gegeben.
61: Meine Grossmutter und mein Grossvater.
62: Meine Familie.
66: Tennis.
67: Ich habe keinen Ping-Pong Tisch.
68: Ich will, dass es in der Schweiz ein Meer hat.
73: Ich will mit mein Freund oder Freundin sitzen und sprechen.
76: Eine Disco für Jugendliche in Basel.
81: Ich möchte mehr Rechte haben und weiter studieren. Ich kann es nicht. (2)
84: Ich sollte noch Frieden haben und bessere Freundin.
85: Ich habe alles.
89: Wo ich mit meine Freundin und Freund treffen kann.
98: Weniger Verkehr, keine Drogen.

8.3.2 "Die letzte Seite" - Antworten der Real- und SekundarschülerInnen[2]

Frage 43: Als du neu nach Basel kamst, was war das erste, was dir hier aufgefallen ist? Kannst du es kurz beschreiben?

100: Ich war verblüfft, aufgeregt, überrascht.
103: Die Sauberkeit.
151: Klima.
167: Schaufenster, Trams.
169: Mir hat alles gefallen, aber mit der Zeit ist es langweilig, weil immer das Autogeräusch und Häuser.
176: Dass hier die Polizisten sehr streng sind.
177: Unheimlich gross grau.
178: Verkehr.
181: Ich war zufrieden.
182: Die Ordnug, kalt, in mein Heimat ist es viel heisser als hier.
183: Zuviel Verkehr, andere Sprache.
184: Ja, es waren so viele Autos und ich habe gestaunt. Bei uns gibt es nicht soviele Autos
189: Schlittschuhfahren und hier ist es sehr sauber.

Frage 44: Angenommen, ein Freund oder eine Freundin aus deiner Heimat, der oder die noch nie in der Schweiz war, besucht dich hier in Basel. Was zeigst du ihm oder ihr?

100: Alles mögliche was es in Basel gibt. (2)
101: Die Stadt, unser Haus.
102: Die Stadt. (31) (Zoo, Warenhäuser, Münster.)
106: Wo es Spielplätze gibt.
108: Unseren Garten. Der Spielplatz. Joggeli im Sommer.
109: Ich zeige im Sommer das Joggeli. Im Winter die Stadt. (2)
112: Grün 80, Joggeli.
113: Ich bin freundlich zu ihm, aber es gibt auch Ausländer, die unfreundlich sind, wenige.
114: Das Spalentor, Das Münster, Das Rathaus.
115: Nichts. (3)
117: Ich zeige ihm wo ich wohne (das Quartier) und die Altstadt. (2)
118: Im Sommer Bachgraben. Im Sommer und Winter Innenstadt (Warenhäuser, Spalentor, Münster, Rhein), Historisches Museum.
119: Quartier, Freunde - Freundin vorstellen. (2)
120: Das Münster, (die Museen [Kunstmuseum], den Rhein da wo wir wohnen und in die Schule gehen. Tinguely- Brunne, die Altstadt, Bahnhof, St. Alban.) (13)
121: Tolle Läden, Strassen aus der Innenstadt. (2)

---

[2] Die Antworten der SchülerInnen sind orthographisch und grammatikalisch nicht bereinigt worden. Die Zahl am Anfang einer Zeile ist die Fragebogennummer. Die Zahlen in Klammern geben die Anzahl gleichlautender Nennungen wieder.

122: Mein Haus, die Stadt (Freizeitbeschäftigungen.) (2)
123: Was sie will, Münster, Museen etc.
126: Kino, Disco, St. Jakob, wo ich wohne.
130: Das Münster, der Zoo. (2)
132: Dreiländereck, Zolli Basel. (2)
134: Unsere Wohnung, Zoo, Rhein, Münster, Museum, Grün 80.
135: Das Münster, die Mittlere Brücke. (2)
137: Mein Eishockeyschläger.
138: Die Altstadt, Münster, Warenhäuser, alles. (2)
140: Das Münster, das Schwimmbad, Freiestr., Steine, der Rhein (mit der Fähre hinüberfahren).
141: Sommer Casino, Skateplätze, Kollegen.
142: Ich geh mit ihr/ihm in die Stadt, bummle in den Läden mit ihr /ihm und fahre kreuz und quer durch die Stadt.
143: Mein Zimmer, Zoo, Fähre, Museum.
144: Die schönsten Plätze von Basel.
145: Das Rathaus, die Münsterkirche.
156: Meine Familie, das was er/sie sehen möchte.
157: Das Münster, den Marktplatz, die Freien, den Barfi, die verschiedenen Hallen- und Garten bäder, Disco. Eben alles, was mir auch gefällt.
158: Die Altstadt (Innerstadt), mein Quartier, dort wo ich mich aufhalte (Luftmatt, Engelgasse, Hardstrasse, Karl Barth-Platz).
161: Das Quartier, Kollegen, Lieblingsplätze, Orte wo man sich treffen kann. (6)
162: Meine Familie; meine Freunde; Breite Quartier, das Münster.
167: Nichts besonderes. Ich gehe mit ihm oder sie spazieren und wenn er oder sie etwas fragt, dann erzähle ich es ihm oder ihr.
172: Das Münster, den Zoo, meine Schule, den Bhf., Das Rathaus, die fünf Brücken, die Martinskirche, mehrere Museen, das Joggeli.
177: Rhein.
181: Etwas Wichtiges, was man nicht tun oder machen darf.
183: Meine Freunde, die Discos.
184: Ich zeige ihm alle Pärke die ich kenne und Gartenbäder und ich zeige ihm mit dem Velo die Stadt.
185: Wenn er/sie zur Messe kommt, dann gehe ich mit, sonst würde ich mit ihnen in die Stadt gehen, Kino usw.
192: So viel wie möglich.

Frage 45: Gibt es irgend etwas in Basel, das du nicht magst, das du doof oder blöd findest, Strassen, Plätze oder andere Orte, wo du nicht hingehst? Gibt es Sachen, die dir nicht gefallen oder vor denen du Angst hast?

100: Nichts. (12)
101: Autos.
102: Ich habe Angst durch Gassen zu laufen, wo die Drögeler sind. Ich hasse diese Gassen.
103: Strassen sind gefährlich.
105: Der Verkehr. Ich habe Angst vor den Menschen die uns alle vergewaltigen.

106: Steinenbachgasse, Rheingasse. (3)
108: Droge, Haschisch. Ich geh nicht gerne durch die Drogengässli. (2)
109: Ich habe Angst vor denen, die Mädchen und Frauen vergewaltigen. Steinenbachgässlein.
110: Dort wo sie spritzen oder Folienrauchen, sniffen. (2)
111: Alles in Ordnung. (2)
113: Ich hasse Gang.
114: Am Rhein wo soviele Drogenmenschen sind.
117: Steinenvorstadt. (4)
118: Alleine durch die Rheingasse gehen in der Nacht und auch Claraplatz, Mustermesse, Barfi, Steinen.
119: Ich habe Angst vor Drogen. (2)
120: Utengasse, Rheingasse, Ochsengasse. (5)
121: Das man nicht überall schöne Graffiti sprayen kann. (Ich spraye nicht). Klar nicht an schönen alten Häusern. Von Gangs Flygirlsgruppen.
122: Ich habe keine Angst. Rheingasse, Ochsengasse mag ich nicht.
123: Verlassene Strassen, dreckige, oder vor kurligen Typen habe ich Angst.
124: Ich finde es traurig, dass es soviele Drogensüchtige gibt. Zuviel Rassismus.
125: Nur nachts in der Steinen und Utengasse, Rebgasse, am Rhein.
129: Vor dem Mann, der manchmal am Barfi steht in der Militärausrüstung.
130: Steinen. (2)
131: Die Autobahnen sind doof, die die Ausländer hassen (Rassismus), Drogen, Alkohol.
132: Ich habe Angst vor: Steine, SBB, Rheinbord. Was ich mag: Zolli Basel.
133: Laserdrome find ich doof und unnötig, Theaterplatz.
135: Ich kann nichts mit dem Kleinbasel anfangen.
138: Rheingasse, Polizei.
141: Steinen ist Scheisse und Bullen auch.
142: Es hat kein Dach auf der Kunsteisbahn Eglisee.
144: Ja, klar, z.B. die Ochsengasse oder am unteren Rheinweg. Da sind jetzt alles Fixer und da habe ich manchmal schon Angst wenn ich da vorbei gehen muss.
149: Viele Büros um unser Haus herum (Bankverein, Patria). Einziger Vorteil dieser Büros die Gärten, dort kann man am Sonntag gut spielen (ferngesteuertes Auto). Überall wird reklamiert (Lärm us.w.). Die Kinos sind zu teuer.
152: Die, die gegen Ausländer sind.
153: Die Chemie, der viele Verkehr. Durch die Steinen gehe ich nicht unbedingt gerne.
156: Steinen, Rheingasse, am Rhein (in der Nacht), Barfi.
157: Ich hasse die Rheingasse, wegen den Drogensüchtigen! Ich habe Angst vor dem Ozonloch! Von den Autos und Flugzeugen, die alles verschmutzen! Doch das ist ja überall.
159: Mir gefällt es nicht in den Gebieten, in denen es "Drögeler" gibt, unter Brücken die schlecht beleuchtet sind.
160: Rheingasse, wegen Drogendealer.
161: Ich lehne die Steinen ab.
164: Dunkle verlassene Strassen.
165: Tunnels in der Nacht.
166: Die vielen Hip-Hop Banden, die die Leute überfallen. Es gibt zuviele Autos und fast keine Möglichkeiten, wo man sich richtig austoben kann.

168: Vor der Steinen habe ich sehr Respekt. Der Barfitreff oder die Treppe beim Barfi finde ich blöd.
170: Einige Drogenplätze machen mir Angst.
171: Die Schulhäuser gefallen mir nicht, weil die meisten alt und sehr öd sind. Auch der Äschenplatz gefällt mir nicht.
175: Kirchen.
176: Drogensüchtige.
181: Ich finde das blöd, dass man erst ab 14, 16 18 in den Computerladen und ins Kino darf
182: Die Drogen in den Diskos und die Türkenbanden, die alles kaputt machen und alle andern schmieren.
183: Bulle Stress. Die alten Leute.
184: Ich habe sehr Angst dass es auch hier wie in Deutschland so ein Massaker gibt, dabei können wir nicht zurückgehen, weil man da nicht leben kann und ich glaube, dass kein Ausländer von der Schweiz weggehen will und wir alle Ausländer möchten friedlich leben hier in der Schweiz und wir möchten nicht verbrannt werden, wie in Deutschland.
190: Theaterplatz.

Frage 46: Was sollte es in deinem Quartier noch haben? Was würdest du dir wünschen? Gibt es Sachen, von denen du träumst? Was fehlt dir am meisten?

100: Fussballplatz. (10)
100: Ein Haus wo ich mich mit meinen Freunden, Freundinnen treffen kann (und viel Verkehr). (2)
101: Einen Wald, (Haustiere, Sand). (2)
102: Weniger Verkehr. (15)
104: Nichts. (11) (Ich habe alles.)
105: Ich träume von einem Pferd.
106: Ein Spielplatz.
108: Einen Keller oder ein kleines Haus, wo wir uns treffen können, Freunde und Freundin.
109: Ein Platz wo ich und meine Freundinnen und Freunde sein können. (2)
114: Ein Altes Haus wo wir uns verkrümmeln können.
118: Basketballfeld, (Rollsschuhbaden, Einradfahrcenter). (6)
119: Jugendtreffpunkt. (9)
120: Ein Schwimmbad im Hof.
121: Discothek. (4)
123: Velowege.
125: Turnplatz. (2)
129: Tischtennistisch.
130: Mehr Kinder in meinem Alter. (2)
131: Einen grösseren Garten mit viel Gras, mehr Kinder in der Umgebung, mehr Freiheit.
132: Ein öffentliches Hallen- oder Freibad.
133: Rotlichter.
134: Ich vebringe meine Freizeit nicht im Quartier, darum habe ich keine Wünsche.
135: Nein, ich finde nichts fehlt. (2)
137: Eine Halfpipe zum Skaten, Skatepark. (2)
140: Mehr Zimmer (gleiche Miete).

142: Mir fehlt meine eigene Kunsteisbahn, ansonsten habe ich alles.
143: Nichts, ich verbringe meine Freizeit (Reiten) meistens nicht im Quartier.
144: Vor allem einen schönen Platz, wo man mit Freunden viel unternehmen kann.
145: Einen Reithof zu dem ich nur etwa 5 Minuten hätte.
148: Weiss nicht. (2)
149: Einen Wald, eine Rennstrecke für ferngesteuerte Autos. Eine Mountainbike Strecke. Tennis Platz für meine Kollegen und mich alleine.
150: Ein Platz zum mit Kollegen spielen.
152: Ein Einkaufszentrum.
155: Tennisplatz.
156: Mehr Bäume und Grünanlagen, hundefreundlicher.
157: Nein, eigentlich nicht. Ich kann ja an die Orte gehen die ich will.
158: Es gefällt mir so wie es ist. Es könnte höchstens ein Haus geben, in dem man sich immer treffen könnte (eine Art Jugendhaus).
160: In meinem Quartier sollte es unbedingt noch einen Basketballkorb haben. Ein Pferd zu reiten (haben) ist mein Traum.
161: Ev. Jugendtreff ohne Drogen und Alkohol.
163: Mir fehlt am meisten wie ein Freizeitpark, bsp. Euro Disney, Disneyworld. Es fehlt ein-fach etwas für junge Leute. Ich finde es ausgesprochen blöd, dass die meisten Boys und Girls immer nur dumm auf den Strassen wie z.b. Barfi sind, und andere Leute anfallen und anmachen. Darum würde ich es gut finden, dass man in der Schweiz (Basel) einen Parc eröffnen würde.
164: Mehr Action, mehr hübschere Jungs. Einen Raum wo viele Jugendliche zusammen kommen könnten. Weniger alte Leute, die wegen zu lauter Musik so herumnörgeln.
165: Swimmingpool. (3)
169: Mc Donalds.
172: Der Verkehr in unserem Quartier ist ein grosses Problem. Es sollten mehr Parks und Jugendtreffs mit Disco gebaut werden.
180: Ein Haus, wo man sich amüsieren kann.
182: Weniger Verkehr und Parkplätze vor dem Haus. Eine Garage unter dem Haus, ein paar Warenhäuser in der Nähe.
184: Ich möchte allein in einem Haus leben, so gross, wie unser Schulhaus und ich träume von einem Auto und ich möchte studieren und viel Geld verdienen.
186: Ich fühle mich wohl in meinem Quartier.
188: Mehr Center und Spielsalon.
189: Kunsteisbahn, Tanzclub.
190: Ein Platz, wo man Rollbrettfahren kann.
192: Mehr Geschäfte.

8.4 Interviewleitfaden für Tiefengespräche

Fragen zu folgenden Teilgebieten:

1. Herkunft und Rückkehr
2. Familie und soziale Situation in Basel
3. Wohnumfeld
4. Streifraum (Entdeckungsraum)
5. Freizeitverhalten
6. Bedeutung der Schule
7. Ängste, Träume, Wünsche, Zukunftsperspektiven

In allen Punkten soll zuerst die Frage stehen: "Hast du dir dazu schon einmal Gedanken gemacht?" und "Hast du Lust, mit mir darüber zu sprechen, mir Auskunft über dich zu geben?" und "Stört es dich nicht, wenn ich das Gespräch auf Tonband aufnehme?" Und nicht vergessen: Zeit lassen und beim Thema bleiben.

1. Herkunft und Rückkehr

- Erzähl mir mal, wie und wo du gelebt hast?
- Bei wem hast du dort gelebt? Wie sah das aus?
- Was hatte es, was es hier nicht hat?
- Wie sah ein normaler Tagesablauf aus?
- Wie war das für dich, dass dein Vater (und deine Mutter) nicht zu Hause lebten?
- Wie entstand der Entscheid, dass du nach Basel kommst? Hast du dich gefreut?
- Hattest du FreundInnen dort? Was haben die gesagt, als du weggingst?
- Hast du noch Kontakt zu Leuten aus deinem Dorf, deiner Stadt? Wie? Schreibst du Briefe?
- Gehst du manchmal für die Ferien zurück?
- Weisst du, weshalb dein Vater oder deine Mutter in die Schweiz gingen? Weisst du noch, wie das für dich war?
- Hast du das Gefühl, dass du immer in der Schweiz bleiben wirst, oder denkst du, du bist nur vorübergehend hier?
- Was vermisst du am meisten hier? (Ich vermisse z.B. den See sehr fest, also nicht nur den See als Gebiet, sondern auch alles, was man dort machen konnte, mit FreundInnen. Der See als Treffpunkt und die Natur, dass man schnell in den Bergen ist.)

2. Familie und soziale Situation in Basel

- Hast du dich am Anfang in der Schweiz einsam gefühlt?
- Erzähl mal von der Reise in die Schweiz. Das muss ja spannend gewesen sein für dich. Soweit bist du ja sicher noch nie gereist. Wie ging das?
- Zeichne mal einen Grundriss eurer Wohnung hier aufs Papier, oder sag mir, was wo ist?
- Möchtet ihr eine andere Wohnung? Sucht ihr eine?
- Was arbeiten deine Eltern? Weisst du, ob sie mit ihrer Arbeit zufrieden sind?
- Wieviele Geschwister hast du?
- Gefällt es dir eigentlich noch wie du hier lebst, oder hat es dir da, wo du herkommst, besser gefallen? Hattest du dort oder hier mehr Platz? Und gefällt es deinen Eltern, oder möchten sie bald wieder zurück?
- Jetzt im Sommer, wie lange darfst du eigentlich draussen bleiben am Abend? Wann musst du zu Hause sein?
- Welches sind deine FreundInnen hier, wieviele würdest du als solche bezeichnen?
- Siehst du sie oft? Was macht ihr häufig?
- Beschreib einmal einen normalen Tag hier in Basel (Morgen, Mittag, Abend)

3. Wohnumfeld

- Komm, wir betrachten auf dem Stadtplan, wo du wohnst. Hat es deiner Meinung nach da viel Verkehr? Genug Natur, Grün?
- Was hat es Auffälliges?
- Was gefällt dir gut? Was nicht? Was müsste es haben?
- Mit wem bist du am Anfang so rumgezogen? Wer hat dir die Stadt gezeigt?
- Als du noch nicht Deutsch lesen konntest, wie hast du dir gemerkt, wo du durchlaufen musst? Hast du dich auch einmal verlaufen?

4. Streifraum (Entdeckungsraum)

- Wir schauen jetzt nochmals den Stadtplan an, was kennst du? Wo warst du schon? (Beispiele bringen: "Kennst du ???")
- Wir versuchen zusammen den Streifraum zu erarbeiten. Wo geht es lang?
- Gibt es Strassen, durch die du gerne gehst? Hast du Wege, die du bevorzugst? Und gibt es Wege, die du meidest?
- Welchen Weg nimmst du zur Schule und welchen nach Hause?
- Wo trennst du dich von deinen FreundInnen, und wo trefft ihr euch? Hast du Orte, an denen du dich mit ihnen verabredest?
- Gib ein paar Kommentare ab zu den Strassen, durch die du gehst. Was ist gut, was nicht. (Ich zeige dann mit dem Finger auf markante Stellen: Warenhäuser, Kreuzungen, belebte Plätze, gefährliche Orte, grün, andere Besonderheiten und frage: "Was sagst du dazu?")
- Was hat der Rhein für eine Bedeutung für dich? Gehst du ans Rheinufer? Wenn ja, was machst du da?

5. Freizeitverhalten

- Was, Wann, Wo?
- Was machst du am liebsten?
- Reicht dir das, was du hier machen kannst?
- Gibt es Momente in deiner Freizeit, wo es dir stinkt, wo du schlechte Laune hast? Hast du dann Heimweh?
- Ist dir manchmal langweilig? Weisst du dann nicht, was machen?
- Findest du, du hast genug FreundInnen, mit denen du etwas machen kannst? Oder bist du viel alleine? Und wenn ja, stört dich das?
- Gibt es Sachen, die dir deine Eltern verbieten zu machen?
- Würdest du gerne in einen Sportverein gehen?
- Gibt es etwas, was du hier machen kannst, was du in deiner Heimat nicht machen konntest?
- Komm, wir schauen nochmal, wo du in deiner Freizeit bist. Wer hat dir die Orte gezeigt? Findest du Basel eigentlich eine schöne Stadt, was gefällt dir am besten?

6. Bedeutung der Schule

- Wie bist du in die FSK gekommen?
- Hattest du Lust, zu gehen? Wie lange warst du hier, bevor du in die Schule gegangen bist?
- Hast du dein/e FreundInnen hier in der Schule kennengelernt, oder kanntest du sie schon vorher?
- Weisst du schon, in welche Schule du weiter gehen wirst?
- Triffst du dich vor oder nach der Schule mit deinen FreundInnen auf dem Schulhausplatz, was macht ihr da? Oder gehst du immer direkt nach Hause?
- Wie ist der Kontakt zu den SchülerInnen der anderen Klassen? Lernt ihr die kennen?
- Bist du auch mit Jugendlichen anderer Nationalität zusammen?
- Welche magst du am meisten? Welche magst du nicht?

7. Ängste, Träume, Wünsche, Zukunftsperspektiven

8.5 Der Fragebogen

GEOGRAPHISCHES INSTITUT DER UNIVERSITÄT BASEL

Liebe Schülerinnen und Schüler

Ich heisse Michael Emmenegger und studiere Geographie an der Universität Basel. Ich arbeite zur Zeit an meiner Abschlussarbeit in Geographie. In dieser Arbeit möchte ich, zum Teil mit diesem Fragebogen, herausfinden, wie es neuzugezogenen fremdsprachigen Jugendlichen in Basel geht, was sie in ihrer Freizeit machen, wo sie sich aufhalten und wo sie ihre "Räume" haben. Damit ich das beantworten kann, muss ich auch wissen, wie es Jugendlichen geht, die in Basel aufgewachsen sind, oder die schon lange hier wohnen. Erst dann kann ich Vergleiche anstellen. Deshalb bitte ich euch die folgenden Fragen zu den Themen "Wohnen", "Freizeit und Freundschaft", "Familie" und "Lebensraum" zu beantworten. Mit euren Antworten kann ich dann natürlich auch ein Bild davon zeichnen, wie ihr euch in Basel bewegt, was ihr wo macht, was euch gefällt und was euch stört.

Damit beim Ausfüllen der Fragebogen keine Fehler passieren, müsst ihr folgende Punkte beachten:

1. Den Fragebogen alleine ausfüllen. Bitte schreibt einander nicht ab.

2. Lest die Fragen zuerst gut durch, damit ihr wisst, was ihr beantworten müsst. (Es gibt Fragen, die nicht alle beantworten müssen. Achtet auch darauf.)

3. Die meisten Fragen kann man durch Ankreuzen beantworten. Bei einigen Fragen ist vorgegeben, wieviele Möglichkeiten ihr ankreuzen sollt. Bitte haltet euch daran.

4. Einige Fragen verlangen schriftliche Antworten. Wenn ihr auf den vorgegebenen Linien zuwenig Platz habt, nehmt ein Blatt, schreibt die Fragenummer auf, den Rest der Antwort dazu und legt es dem Fragebogen bei. Ihr könnt natürlich auch einen Kommentar zu einzelnen Fragen oder der ganzen Arbeit aufschreiben. Das würde mich sehr interessieren.

5. Ich bitte euch den Fragebogen ehrlich, vollständig und sorgfältig auszufüllen. Nur so bringt er mir etwas.

6. WICHTIG!! Ausser mir sieht deine Antworten niemand! (Der Lehrer oder die Lehrerin verteilt die Fragebögen nur und sammelt sie wieder ein.)

GEOGRAPHISCHES INSTITUT DER UNIVERSITÄT BASEL   Klasse:
(leerlassen)
                                                                                    FB Nr.:   1 ⌊_⌋
UMFRAGE ZUM RAUMVERHALTEN NEUZUGEZOGENER FREMDSPRACHIGER
JUGENDLICHER IN BASEL.

A) Persönliches

1. Wie alt bist Du?   Ich bin ____ Jahre alt.   5 ⌊_⌊_⌋

2. Geschlecht?   ☐ Mädchen   ☐ Junge   7 ⌊_⌋

3. Lebst Du seit Deiner Geburt in der Schweiz?   ☐ Ja   (wenn ja, weiter zu Frage 6)
                                                                             ☐ Nein
Wenn nein, wo bist Du geboren? _____   8 ⌊_⌊_⌋

4. Hast Du in Deiner Heimat zuletzt in einem Dorf oder in einer Stadt gelebt?
                                        ☐ In einem Dorf   10 ⌊_⌋
                                        ☐ In einer Stadt
Weisst Du noch den Namen des Dorfes oder der Stadt? _____

5. Wieviele Jahre und Monate lebst Du schon in Basel?   ____ Jahre und ____ Monate.   11 ⌊_⌊_⌋

B) Zur Wohnung

6. Wieviele Zimmer hat eure Wohnung oder euer Haus (ohne Küche und Bad/WC)?
                                        Sie/es hat ___ Zimmer.   13 ⌊_⌊_⌋

7. Hast Du ein Zimmer für Dich allein?   ☐ Ja   ☐ Nein   15 ⌊_⌋

8. Wieviele Personen leben in der Wohnung? (Zähle alle zusammen und Dich dazu. Du, Vater, Mutter,
Brüder, Schwester, Verwandte u.s.w.)
                                        ___ Personen   16 ⌊_⌊_⌋

9. Findest Du, Du hast in Eurer Wohnung genug Platz?   ☐ Ja   ☐ Nein   18 ⌊_⌋

10. Hilfst Du im Haushalt mit?   ☐ Ja, jeden Tag
    (Z.B. Deiner Mutter beim Kochen)   ☐ manchmal   19 ⌊_⌋
                                                          ☐ Nein, nie

C) Freizeit und Freundschaft

11. Habt ihr einen Fernseher zu Hause? ☐ Ja ☐ Nein   20 ⊔

12. Schaust Du täglich Fernsehen oder Video? ☐ Ja ☐ Nein   21 ⊔

13. Wie lange hast Du gestern ferngesehen oder Video geschaut?

    Ich habe _____ Stunden geschaut.   22 ⊔⊔

14. Welches sind zur Zeit Deine Lieblingssendungen? Oder wie heissen Filme, die Dir sehr gut gefallen?

    _____
    _____   24 ⊔

15. Welche Musik hörst Du besonders gern? (Nur zwei Antworten).

    ☐ (Musik aus Deiner Heimat)
    ☐ Rock (Heavy-Metal und Melodic-Rock)   25 ⊔⊔
    ☐ Disco-Musik
    ☐ Hip-Hop
    ☐ Rap   27 ⊔⊔
    ☐ Techno
    ☐ Grunge (Hard-Core, Speed Metal)
    ☐ Anderes, nämlich _____

Frage 16-19 beantworten bitte nur die, die NICHT in der Schweiz geboren wurden!

16. Was hast Du in Deiner Heimat in der Freizeit gemacht? (Beschreibe es kurz, z.B. "fischen"). Stichworte genügen.

    _____   29 ⊔⊔
    _____   31 ⊔⊔
    _____   33 ⊔⊔
    _____   35 ⊔⊔
    _____   37 ⊔⊔
    _____   39 ⊔⊔
    _____   41 ⊔⊔

17. Kannst Du das hier auch machen? ☐ Ja ☐ Nein   43 ⌑
    Wenn nein, warum nicht? _____ 44 ⌑
    _____ 45 ⌑
    _____ 46 ⌑
    _____ 47 ⌑
                                                     48 ⌑

18. Hattest Du in Deiner Heimat mehr Möglichkeiten oder Platz zum Spielen, Freunde und Freundinnen treffen, rumtoben und so weiter? (Nur 1 Antwort!)
    ☐ Ja, es gab mehr Platz und Möglichkeiten
    ☐ Nein, es gab weniger Platz und Möglichkeiten   49 ⌑
    ☐ Es gab ungefähr gleichviel

19. Möchtest Du wieder einmal in Dein Herkunftsland zurück? (Nur 1 Antwort!)
    ☐ Ja, sicher und sehr gerne
    ☐ Vielleicht einmal
    ☐ Nein, ich möchte hierbleiben   50 ⌑
    ☐ Nur für Ferien
    ☐ Ich weiss es noch nicht

20. Gehst Du manchmal an einen der unten aufgeführten Orte? (Kreuze an, was zutrifft.)
    ☐ in einen Sportklub?   51 ⌑
    ☐ in einen Verein?   52 ⌑
    ☐ in eine Diskothek?   53 ⌑
    ☐ in einen Jugendtreff?   54 ⌑
    ☐ in einen Treffpunkt für Landsleute?   55 ⌑
    ☐ ins Kino oder Theater?   56 ⌑
    ☐ in ein Restaurant?   57 ⌑
    ☐ auf die Kunsteisbahn (im Winter)?   58 ⌑
    ☐ in ein Schwimmbad (Sommer)?   59 ⌑
    ☐ in einen Park (Horburg, Rosental etc.)?   60 ⌑
    ☐ in einen Heimatsprachkurs?   61 ⌑
    ☐ in die Koranschule?   62 ⌑
    ☐ auf einen Schulhausplatz?   63 ⌑

21. Hier ist eine Liste mit verschiedenen Freizeitaktivitäten. Mache **ein Kreuz** bei allen Sachen, die Du letzte oder diese Woche an **Wochentagen** (also an allen Tagen <u>ohne</u> Sonntag) in Deiner Freizeit gemacht hast.
(Kreuze bitte nur die Sachen an, die Du auch wirklich gemacht hast)!

☐ lesen
☐ fernsehen oder Video geschaut, Computerspiele gespielt
☐ Musik hören
☐ Spiele mit Geschwistern
☐ Freunde und Freundinnen getroffen
☐ in einem Park spaziert oder gespielt
☐ in die Stadt gegangen
☐ in einem Warenhaus gewesen, Sachen anschauen
☐ auf dem Schulhausplatz gespielt und Freunde getroffen
☐ mit den Eltern etwas unternommen (z.B. spazieren gegangen)
☐ Verwandte besucht oder sie waren bei uns zu Besuch
☐ "auf dem Bett liegen" (Nichts tun)
☐ ein Instrument gespielt
☐ zeichnen oder basteln
☐ im Haushalt geholfen (putzen, kleine Geschwister gehütet)
☐ Sport gemacht, was:_____

Hast Du in dieser Zeit noch andere Sachen gemacht?
_____
_____

22. Was hast Du am letzten Sonntag gemacht? (Stichworte genügen, z.B. "Mutter geholfen", "Fussball gespielt").
Am Vormittag?
_____
_____
_____

(Fortsetzung auf der nächsten Seite)

Am Nachmittag?

33 └┴┘
35 └┴┘
37 └┴┘
39 └┴┘
41 └┴┘

Am Abend?

43 └┴┘
45 └┴┘
47 └┴┘
49 └┴┘
51 └┴┘

23. Mit wem verbringst Du meistens Deine Freizeit? (Bitte kreuze nur eine Antwort an. Überlege, mit wem Du wirklich am meisten zusammen bist in Deiner Freizeit!)
    - ☐ meistens allein
    - ☐ meistens mit meinen Geschwistern
    - ☐ meistens mit Freunden oder Freundinnen
    - ☐ meistens mit meinen Eltern

53 └┘

24. Wenn Du in Deiner Freizeit mit Freunden oder Freundinnen zusammen bist, bist Du dann mit
    - ☐ Mädchen und Jungen zusammen?
    - ☐ nur mit Jungen zusammen?
    - ☐ nur mit Mädchen zusammen?

54 └┘

25. Hast Du Kontakt zu jungen Ausländerinnen und Ausländern, die erst seit kurzem in der Schweiz wohnen?   ☐ Ja   ☐ Nein

55 └┘

26. Hättest Du gerne mehr Kontakt zu jungen, neuzugezogenen Ausländerinnen und Ausländern?
    ☐ Ja   ☐ Nein

56 └┘

27. Bist Du in einer festen Gruppe, Bande oder Gang?
    ☐ Ja   ☐ Nein

57 └┘

28. Bist Du in Deiner Freizeit lieber in der Wohnung oder draussen?
    - ☐ lieber zu Hause in der Wohnung
    - ☐ lieber draussen auf der Strasse

58 └┘

29. Wenn Du nicht zu Hause bist (also draussen), wo bist Du dann meistens oder sehr häufig?
- ☐ bei einem Freund oder Freundin zu Hause　　59 ⌊_⌋
- ☐ auf der Strasse vor meinem Haus　　60 ⌊_⌋
- ☐ irgendwo im Quartier　　61 ⌊_⌋
- ☐ auf dem Schulhausplatz　　62 ⌊_⌋
- ☐ in der Stadt auf einem Platz　　63 ⌊_⌋
- ☐ in einem Park　　64 ⌊_⌋
- ☐ in einem Warenhaus　　65 ⌊_⌋
- ☐ spazieren, durch die Strassen laufen　　66 ⌊_⌋
- ☐ woanders: wo?_____　　67 ⌊_⌋

30. Kennst Du **die Namen** der Strassen, Plätze oder Pärke, auf denen Du in Deiner Freizeit alleine oder mit Freundinnen und Freunden bist? (Z.B. Horburgpark oder Feldbergstrasse, Barfi oder Steinen): Schreibe sie bitte hier auf:

_____
_____ 68 ⌊_⌋
_____

31. Hast Du das Gefühl, dass es in Deinem Quartier genug Orte und Möglichkeiten gibt, wo Du Dich mit Freundinnen und Freunden treffen kannst, wo Du spielen und Dich austoben kannst?
　　☐ Ja　　☐ Nein　　69 ⌊_⌋

32. Wie oft gehst Du in Warenhäuser? (Z.B. EPA oder Rheinbrücke). (Nur 1 Antwort!)
- ☐ 3-4x in der Woche
- ☐ 1x in der Woche　　70 ⌊_⌋
- ☐ weniger oft

　　　　　　　　　　　　　　　　　　　　1 ⌊_⌊_⌊_⌋

33. Wieviel Taschengeld kriegst Du?
- _____ Fr. in der Woche oder
- _____ Fr. im Monat　　5 ⌊_⌊_⌊_⌋
- ☐ Ich kriege kein Taschengeld

34. Arbeitest Du nach der Schule oder in den Ferien für Geld?
   ☐ Ja; was? _____ 8 ⌊⌋
   ☐ Nein   ☐ Nein, aber ich möchte gerne arbeiten. 9 ⌊⌋

35. Hast Du ein Fahrrad?   ☐ Ja   ☐ Nein   10 ⌊⌋
    Hast Du ein Moped?   ☐ Ja   ☐ Nein   11 ⌊⌋

36. Wie bist Du in Deiner Freizeit meistens unterwegs? **(Nur eine Antwort)**.
    ☐ Velo   ☐ Moped   ☐ Tram   ☐ zu Fuss   12 ⌊⌋

D) Zur Familie
Frage 37 und 38 beantworten nur die, deren Eltern NICHT schon immer in der Schweiz leben!

37. Wie lange lebt Dein Vater schon in der Schweiz?
    ____ Jahre   ☐ er lebt nicht in der Schweiz   ☐ weiss nicht   13 ⌊⌊⌋

38. Wie lange lebt Deine Mutter schon in der Schweiz?
    ____ Jahre   ☐ sie lebt nicht in der Schweiz   ☐ weiss nicht   15 ⌊⌊⌋

39. Arbeitet Dein Vater?   ☐ Ja   ☐ Nein   17 ⌊⌋
    Wenn ja, was arbeitet er? _____   18 ⌊⌋

40. Arbeitet Deine Mutter?   ☐ Ja   ☐ Nein   19 ⌊⌋
    Wenn ja, was arbeitet sie: _____   20 ⌊⌋

41. Wieviele Geschwister hast Du?
    ☐ Ich habe keine Geschwister   Ich habe ____ Schwestern   Ich habe ____ Brüder   21 ⌊⌊⌋

42. Welche Religion hast Du?   ☐ Christentum: _____
    ☐ Islam
    ☐ Judentum
    ☐ Hinduismus
    ☐ Sikh
    ☐ Alawit
    ☐ keine
    ☐ andere: _____   23 ⌊⌊⌋

E) Herkunft und Lebensraum Basel, Stadt und Quartier
Frage 43 beantworten nur die, die NICHT in der Schweiz aufgewachsen sind!

43. Als Du neu nach Basel kamst, was war das erste, was Dir hier aufgefallen ist? Kannst Du es kurz beschreiben?

    _____ 25 |__|__|
    _____ 27 |__|__|
    _____ 29 |__|__|
    _____ 31 |__|__|
    _____ 33 |__|__|

44. Angenommen, ein Freund oder eine Freundin von Dir, der oder die noch nie in Basel war, besucht Dich hier. Was zeigst Du ihm oder ihr?

    _____ 35 |__|__|
    _____ 37 |__|__|
    _____ 39 |__|__|
    _____ 41 |__|__|
    _____ 43 |__|__|

45. Gibt es irgend etwas in Basel, das Du nicht magst, das Du doof oder blöd findest, Strassen, Plätze oder andere Orte, wo Du nicht hingehst? Gibt es Sachen, die Dir nicht gefallen oder vor denen Du Angst hast?

    _____ 45 |__|__|
    _____ 47 |__|__|
    _____ 49 |__|__|
    _____ 51 |__|__|
    _____ 53 |__|__|

46. Was sollte es in Deinem Quartier noch haben? Was würdest Du Dir wünschen? Gibt es Sachen, von denen Du träumst? Was fehlt Dir am meisten? (Z.B. ein Fussballplatz oder ein Haus, wo Du Dich mit Freundinnen und Freunden treffen kannst, oder weniger Verkehr.)

    _____ 55 |__|__|
    _____ 57 |__|__|
    _____ 59 |__|__|
    _____ 61 |__|__|
    _____ 63 |__|__|

Vielen Dank für Deine Mitarbeit!